寻找 属于你的

# 女人味

丁永玲◎著

台海出版社

图书在版编目(CIP)数据

寻找属于你的女人味 / 丁永玲著. —北京:台海出版社,
2017.1

ISBN 978-7-5168-0697-5

Ⅰ.①寻… Ⅱ.①丁… Ⅲ.①女性–修养–通俗读物
Ⅳ.①B825-49

中国版本图书馆 CIP 数据核字(2017)第 021622 号

**寻找属于你的女人味**

著　　者:丁永玲

责任编辑:王　萍　曹文静

装帧设计:芒　果　　　　　版式设计:通联图文

责任校对:毛昱文　　　　　责任印制:蔡　旭

出版发行:台海出版社

地　址:北京市东城区景山东街 20 号　　邮政编码:100009

电　话:010-64041652(发行,邮购)

传　真:010-84045799(总编室)

网　址:www.taimeng.org.cn/thcbs/default.htm

E-mail:thcbs@126.com

经　销:全国各地新华书店

印　刷:北京鑫瑞兴印刷有限公司

本书如有破损、缺页、装订错误,请与本社联系调换

开　本:640mm×960 mm　　　　1/16

字　数:180 千字　　　　　　　印　张:16

版　次:2017 年 3 月第 1 版　　　印　次:2017 年 3 月第 1 次印刷

书　号:ISBN 978-7-5168-0697-5

定　价:38.00 元

# 前言

PREFACE

　　身为女人却缺少"女人味"，无异于在他人心中被判下死刑。

　　无论高级白领还是家庭主妇，首先你得有女人味。它是女人的根本属性，是女人的魅力所在。

　　女人没有女人味，就像鲜花失去芬芳，明月失去清辉。

　　女人若"有味"，三分漂亮可增至七分；女人若"无味"，七分漂亮亦降至三分。

　　女人味让她们向往又令人沉醉。成为优雅、有味道的女人，是她们共同的美丽梦想。

## 1

　　所谓"女人味"，首先源于身体之美。一个有着柔和线条，绸般乌黑长发、似雪肌肤的女人，加上湖水一样宁静的眼波和玫瑰一样娇美的笑容，她的女人味得以淋漓尽致地展现。

　　当然，女人味更多的来自内心深处：一个有水晶一样干净心灵的女人、一个温柔似水、善解人意的女人、一个懂得爱人的女人，其女人味由内而外，深入人心。

女人味是女人的神韵，就像名贵菜肴——靠的是调味。

它是一樽美酒，抿口便醉。前卫不是女人味：别以为穿上古怪的服饰就有"味"了，这样的味是一种怪味。有钱的女人不一定有女人味：化妆品只能美化表面，物质女人铜臭有余而情调不足，情调不足则索然无味。漂亮的女人不一定有女人味：漂亮的外表大都因抵不过时间的脚步而面目全非，但有"味"的女人却一定很美。弱不禁风也不是女人味：有"味"的女人不是病恹恹、意慵慵，她们青春健康、肌肤红润、活力充沛，任何时候都光彩照人。

拥有女人味并非易事——没有一定的文化底蕴、修养层次、人生阅历，就无法烹调出醉人的味道。女人味是月光下的湖水，是静静绽放的百合。这样的女人，晶莹剔透、柔情似水、善解人意。此外，女人味还来自于美德：不善良的女人，纵使倾国倾城、才能出众，也不算是优秀可爱的女人。

## 2

当然，一个女人有没有"味"，这还得男人说了算。好比"你是否算个爷们儿"得由女人说了算一样，它是一个既简单又复杂的问题。说它简单，是因为每个女人都有自己的味道；说它复杂，则因为男人眼里的"女人味"各有千秋。要知道，一个男人喜欢一个女人，一定是被她身上的某种特质所吸引。毕竟男人眼里，"女人味"是女人必备的特征。如果一个男人未曾体会出女人的某种"味"，他是没理由爱上她的。

那么，哪种女人在男人眼里才算有女人味呢？

有人说，是温柔体贴好相处的女人：女人可以不漂亮，但不能没有温柔。青春易逝，唯有"温柔"才会让她保留持久的魅力。这魅力暗藏在她的温柔里，体现在她的体贴中。老实说，没有哪个男人可以逃出女人温柔体贴的怀抱，这温柔体贴是一种喜悦，自己受用，同时也不知不觉地取悦和感染着别人。记得徐志摩的诗里"最是那一低头的温柔，像一朵水莲花不胜凉风的娇羞"——想必这便是"女人味"最真实的写照。

也有人说，是善解人意有品位的女人：善解人意的女人一定是思想成熟有品位，她知道不论什么场合都需站在他人的立场思考问题，照顾对方的感受。她从不张扬，衣着可能不那么时尚，但永远端庄得体、自然大气。与人相处通达和谐，善解人意。可谓女人味十足。

事实上几乎无一例外的，男人都喜欢心地善良、懂感恩的女人：心地善良是人性的真谛，更是最宝贵的品格。女人因善良而美丽，这种美丽体现在朴实，真切，健康向上的情调中。

生活中，身为女人一定要懂得：善良，是一种生活方式；而感恩，则是一种生活态度。换言之，有"味"的女人一定是一个懂得感恩的女人。她始终相信生活永远是美好的，能更智慧和饱含期待地对待生活中的点点滴滴，与人相处时充满爱心，这是男人最想得到的一种"女人味"！

## 3

　　当然，男人眼里的"女人味"很多，可以说是千人千面，各有千秋，不同的眼光，有着不同的认识和理解。"女人味"是女人的内涵和神韵。拥有让男人喜欢的"女人味"并非易事：它与外貌和金钱无关。没有一定文化底蕴和修养以及足够的人生阅历，恐怕是无法调出诱人的"女人味"的。

　　现在，让我们一起寻找自己专属的"女人味"，并由此开启一段温暖馨香的乐活旅途。

# 目 录

CONTENTS

1

第八章

男人最逃不掉的女人味：揣着明白装糊涂　　/ 169

　　　　那是一种明了一切不点破的微笑。这样也会显出你
可爱的内秀之美，更是一种"女人味"的释放。

第九章

最能"虏获"男人的女人味：把话说到他心里去　　/ 197

　　　　其实，一句话换种语气、换个说法，让人听着就舒
服多了。

# 第一章

## 由内而外，有"味"的女人光彩照人

一朵花可能花瓣妖娆，姹紫嫣红，却不一定暗香浮动，疏影横斜。"女人味"绝不只是徒有其表的美貌：漂亮的外表大都因抵不过时间的脚步而面目全非。而弱不禁风也不是女人味：有味的女人，首先是青春健康、肌肤红润、活力充沛，任何时候都光彩照人！

# 1. 有 "味" 的女人青春健康

健康是幸福的主要因素，锻炼是健康的重要保证。这个世界上，没有比结实的肌肉和新鲜的皮肤更美丽的衣裳。

生活中，很多女人都喜欢窝在家里，或是奔走在公司和家庭之间，做运动、进行体育锻炼少之又少。她们常感到腰酸背痛，做什么事情都没有精神。其实，诱发这些问题的根本原因是缺乏锻炼和青春活力。所以，当女人忙于其他事情时，也该挤出点时间进行一些体育锻炼了。

说起运动和体育锻炼，大部分女人都觉得在忙碌的生活中没时间锻炼身体是很正常的事。可是，和经常参加体育锻炼的女性相比，她们则显得没有活力，甚至苍老。所以有人说："女人想要永远留住青春，就要从坚持运动开始。"

37岁的徐燕是一家房地产的销售经理，平时常在外跑业务，要不就在自己的办公室分析数据。虽然，大学时她也很爱好体育锻炼，可参加工作后就很少在做运动了。

一次，徐燕遇到大学好友谢静。谢静虽带着两个孩子，但和徐燕站在一起仍显得年轻。两人交谈时，徐燕顺嘴问道："小静，你这么年轻可有什么好的秘诀？"

谢静当时就笑了，然后反问徐燕："你还坚持运动吗？像大学时你很喜欢打羽毛球那样？"

徐燕愣了一会儿："工作这么忙，年纪也大了，哪有心思打球啊，最多就是晚饭后散散步。"

"我以前也和你一样，可我女儿中考时有体育这项，那段时间为督促孩子，我也跟她一起锻炼身体，慢慢地我就觉得比平时更有活力了，精神状态也好了很多，先生也说我看着年轻了。徐燕你也该运动运动了，体验一下运动带给你的好处。"

据哈佛大学研究显示：每天坚持运动一小时，可延长两小时的健康寿命；而每天只要积累5000步以上的快走，就可以减重缩腰塑造更健康身体。所以，女人年轻时更应坚持一到两项自己喜欢的运动，这样不仅让身体更有活力，也会让自己的心情随之放松。反之，等到已退休后或是年迈时才想起要运动，就为时已晚了。

嫣然在社会上打拼了几年，感觉自己的体质越来越差。无论哪个同事感冒了，她总是公司里第一个被传染的，而且通常大病、小病都不落下。每天上班就在办公室里坐一天，下班坐车回去。上楼坐电梯，回家躺在沙发上看报纸，玩电脑，晚一些就睡觉了。循环往复，一直如此。

嫣然并未认为工作繁重，但尽管如此仍觉得劳累不堪。有时爬楼梯，才到二楼腿就酸得发抖了。

有一次，公司举行全员越野大赛：第一名奖励5000元，前三名都有丰厚的奖金，但能坚持下来，中途没有退缩的，公司也会给予奖励。起跑时，嫣然一直在心里暗暗为自己打气。但跑了一段路后，她就感觉到一阵眩晕，同时还伴有想呕吐的感觉，胸口也是火辣辣的痛。又跑了一会儿，突然，她眼前一黑，晕倒在路上，被同事们送到医院。诊治结果是因长期缺乏的充分锻炼而引发了脑部缺氧。

康复后的嫣然开始每天走路上班，坚持爬楼梯上楼，能站着动一动，绝不坐下来。周末时再也不待家里上网了，而选择到外面跑步或去健身房，开始进行一些体育锻炼。

在坚持了一年后，嫣然不仅拥有了健康的身体，而且气色红润、越来越漂亮了。

无论平时工作多么忙碌，出于对自己身体健康的考虑，一定要挤出时间进行体育锻炼。此举不仅能强身健体、增强体质，还具有完善身体、修炼心境、健康心灵、健全人格、提高适应能力等其他功能。体育锻炼不足，会导致身体健康水平下降，而且情绪也比较多变。所以，保持经常性的锻炼，既可消除身体的疲劳，也将实现心灵的放松。

歌德说："流水在碰到抵触的地方，才把它的活力解放。"其实，人的活力也是如此：只有去激发，它才会得到更完美的展现。因而，女人要想拥有青春的活力，少不了长期的锻炼，激发内在的活力。

## 2. 有"味"的女人永葆活力

现代人除焦躁、孤独、寂寞外，还常被另一种"疾病"折磨——疲劳综合征。身边很多女性朋友总抱怨说："我实在太累了，每天最想做的事就是睡觉。"

的确，沉重的生活压力和快速的工作节奏，令许多女性长期地生活在疲劳中。即使精神和身体发出抗议，她们也没时间和机会让自己好好休息一下。

还有不少女性认为年轻的身体是上帝赐予的本钱，是挣取金钱、赢得地位的工具。但疲劳带来的却是更多无法弥补的伤害。医学调查发现：疲劳不仅容易让人产生忧虑感、自卑感，还会降低人体的免疫机能，从而罹患各种疾病。如果长时间处在疲劳中，身心健康便会受到各种消极影响。因此女性朋友们要注意休息，远离"疲劳综合征"。

数年前，美国IMG公司聘用了一位精力充沛的女业务代表，负责在高尔夫球场及网球场上的新人中发掘明日之星。美国西岸有位网球选手特别受她赏识，她决定招揽对方加盟IMG公司。从此，纵使每天在纽约的办公室忙上12小时，她也不忘时时打电话到加州，关心这名选手的受训情况。他到欧洲比赛时，她也会趁出差之际抽空去探望他，为他打点。好几次，她连续三天未合眼，忙着飞来飞去，追踪这名选手的进步状况，尽管手边有一大堆积压已久的报告。然而，可悲的事终于在法国公开赛上发生了。照原定日程，这位女业务代表不必出席这项比赛，但她说服主管，为维持与那位年轻选手的关系坚持要求到场。主管勉强应允，但要求她得在出发前把一些紧急公务处理完毕，结果她又几个晚上没合眼。

最后，她终于登上了飞往巴黎的飞机，但时差及重大赛事压力让积极能干的她最后大脑空空。抵达巴黎当天，在一个为选手、新闻界与特别来宾举行的宴会上，她依旧关注着那位选手，并且时时为他引见一些要人。当时瑞典名将柏格独领风骚，他刚好又是IMG公司的客户，也是那位年轻选手的偶像，她介绍他俩认识时，令人难堪的事发生了。柏格正在房间与一些欧洲体育记者闲聊，她与年轻选手迎上前去。

对方望向这边时，她开口："柏格，容我介绍这位……"天哪！她居然忘了自己最得意的球员的姓名！她实在是精疲力竭，过度疲劳使她脑子一片空白。好在柏格有风度，尽力打圆场，消除了尴尬，可这位年轻选手却面红耳赤、张口结舌，心中更是难过得不得了。从此，他再也不相信IMG的业务代表是真心对自己了。

她一片苦心，却由于疲劳过度造成了无可挽回的失误。她发掘的这位选手后来果真进入世界前十名，却不再是IMG公司的客户。

无论一架机器多么精良，如果不按时加油保养，机器都有毁坏的危险；无论一块手表多么精准，如果不将发条上得十足，表将不会使用很久。擅长驾驶的人，永远不会把车开得过快；精于弹琴的人，永远不会把琴弦绷得过紧。人也是如此，如果整天忙于学习和工作、劳累过度，等到支撑不住时才罢手，那么他可能从此一蹶不振，无法恢复往日的健康了。

印度诗人泰戈尔说："休息与工作的关系，正如眼睑与眼睛的关系。"以牺牲一切时间为代价换取财富和地位是最愚蠢的行为。只知道收获果实，而不知道享受果实，没有任何意义和价值。

工作上要量力而行，做任何工作都要有适当、适量的标准，不要因过度疲劳而让生活失去意义。在这方面，最完美的体现是你的生活充实但不辛苦。列宁说："会休息的人，才会工作。"人追求自己的事业，这无可厚非，但不可以牺牲一切为代价，这样只会让你与快乐渐行渐远。会生活的人，懂得在健康和事业间寻找平衡点，做到健康、事业双丰收。没有健康的体魄和心灵，你渴望得到的一切都是虚幻的。如果能有一个可用于休息的周末，记得别让自己的休闲时间浪费在繁重的工作中。


丘吉尔是英国历史上最伟大的首相之一。任英国首相期间，其责任重大、工作繁忙可想而知，但他对休息非常重视。

第二次世界大战，已70岁高龄的丘吉尔可谓日理万机，但却总是精力充沛，积极热情地工作，丝毫未流露出疲倦的神色。这主要得益于他懂得在工作之余及时地放松自己，抓住空闲的点滴时间进行必要的休息。

一般情况下，他每天中午要睡1小时，晚上8点吃饭前也要睡两小时。即使乘车，他也会借此闭目养神。此外，丘吉尔还有个习惯，无论什么时候，只要一停止工作，就爬进热气腾腾的浴缸中泡澡，然后在浴室里裸身踱步以自我放松。

由于保持了良好的精力，丘吉尔在任职英国首相期间，取得了辉煌的政绩。第二次世界大战中，丘吉尔和罗斯福、斯大林一起制订同盟国的战略计划。1940年5月10日，也就是希特勒向西欧发动进攻的当天，丘吉尔迅速把国民经济转入战时轨道。英军自敦刻尔克撤退和法国投降后，丘吉尔坚定地领导英国及英联邦国家人民英勇地进行反法西斯战争，在不列颠之战中重创德国空军，粉碎希特勒进攻英国本土的计划。1941年6月22日希特勒进攻苏联的当天，丘吉尔迅速明确地表示保证援助苏联人民。1941年8月，丘吉尔与罗斯福在纽芬兰的普拉森夏湾会晤，发布关于对德战争的目的以及关于战后和平的《大西洋宪章》。1941年12月，日本偷袭珍珠港，丘吉尔又马上与美国缔结一系列协议，建立联合委员会，筹备两国的经济和军事资源、成立联合参谋部和各战区的联合司令部。可以说，第二次世界大战的胜利，离不开丘吉尔精神饱满的工作和努力。

有人曾问他精力充沛、身体健康的秘诀。丘吉尔说："我的秘诀是当我卸下制服时，也就把责任一起卸下了。"

很多追求成功的人，往往都舍不得停下自己的脚步。在他们看来，放松是对自己的不负责任，是浪费时间。只有永不停歇，才能早日获得成功；即使已筋疲力尽，他们依然不愿停止。这种想法的初衷难能可贵，但非明智之举。

如果你觉得成功能让你获得更多名利和权力，那么，你可以将此视为成功的目标并努力达成。但你不能强迫自己在身心疲惫的状态下仍坚持工作，疲倦感是身体反映出的警告，提醒我们身体某个部位超负荷了。如若置之不理，则会增加我们整个身体的负担。所以，身体一旦出现警告信息，唯有选择让负担过重的部位恢复正常才是明智之举。

现实生活中，有太多人为赚取加班费而损耗着自己的身体。有人吃饱穿暖还不满足，还想享受浪费带来的快感——吃一半、扔一半，对于金钱和欲望的贪婪远超自己的生活所需。而当赚得的金钱都变成一个个精确冰冷的数字时，又觉得索然无趣。贪婪让人迷失自我，不知足则同时摧毁了肉体和精神，直至将人送进坟墓。

赢得全世界却输了自己的意义何在？贪欲就像无底洞，永远无法填平。贪婪步伐下的生活节奏很快，它会带你走入压抑的生活环境，然后慢慢蚕食，让生命一点一点被透支。直到有一天，当你想要放下一切却发现自己已被掏空了！任何财富都比不上生命的价值，正是因为生命的存在，才让创造无限财富具备了实现的可能性。

# 3. 好好睡觉，才能让你容光焕发

张小娴说："睡眠跟恋爱相似。"人生旅途中1/3的时间都在睡眠中度过。莎士比亚也曾将睡眠视为"生命筵席上的滋补品"，美国医学教授威廉·德门则称之为"抵御疾病的第一道防线"，而世界卫生组织更将"睡得香"定为衡量人体健康的标准之一。

但事实上，有调查显示，患睡眠障碍或与睡眠有关疾病的人不在少数。越来越多的证据表明，睡眠质量可能影响心脏健康。在女性人群中，睡眠质量不高或难以入睡者通常承受更多心理压力，血液成分也更易呈现Ⅱ型糖尿病迹象。同时，研究人员发现，这些睡眠质量不佳的女性，其空腹检测结果显示，她们体内胰岛素含量高于常人，身体更容易出现炎症，血浆中纤维蛋白原也会增加，最后这项特征通常为中风前兆。不仅如此，睡眠不足的女性更易出现抑郁、躁怒等心理症状。可见失眠问题可能不是单一的睡眠障碍，也反映身体存在的健康危机。

如何才能睡得好？专家和健康书籍已给过我们太多指导，在此我只说其中最重要的6点：

(1) 睡前不饮酒、不抽烟，不喝含咖啡因的饮料。晚餐时少吃油腻食品，晚餐时间不宜太迟。

(2) 白天要保证一定的运动量，让自己有适当的疲劳感。不少患者是由于精神活动超负荷而体力活动不足导致了失眠。

(3) 睡觉前泡个热水澡或用热水泡脚。手脚暖和更易入睡。

(4) 别把白天的烦恼带上床。睡前使自己的心情保持平静，听听令人舒缓放松的音乐，帮助自己坦然入梦。

(5) 让床的作用"单一化"。少在床上看书、打电话、看电视。常在床上进行其他活动，会破坏定时睡眠的习惯。

(6) 别错过最佳的睡眠时间。研究发现，慢波睡眠是最佳的睡眠状态，而慢波睡眠大多出现在上半夜。错过进入深睡眠的最佳时间再入睡，很容易导致醒后疲劳、睡不安稳、睡眠质量下降，从而引发失眠。

此外，食疗一直是备受国人重视和推崇的养生和治疗方式。下面推荐几种有助于睡眠的食物：

（1）牛奶：含色氨酸，这是一种人体必需的氨基酸，有助眠作用。牛奶中丰富的乳糖、氨基酸以及矿物质和维生素，能缓解脑细胞的紧张状态。

（2）红枣：营养丰富，有养胃健脾、补中益气的作用。失眠患者可用红枣30克到60克，加白糖少许煎汤，每晚睡前服之。

（3）龙眼：又称"桂圆"，营养价值很高。研究发现，桂圆肉对脑细胞有一定的营养作用，能起到镇静、安神、养血、抗衰老等功效。龙眼肉15克加糯米100克，煮一碗龙眼肉粥于晨起或睡前空腹食用，既能安神又能补脾。

（4）莲子：有养心、安神、补脾等功效。对心悸、失眠、腹泻等病症都有一定疗效。心烦多梦者可用莲子心30个，加盐少许，用水煎服。

（5）百合：能延长睡眠时间，提高睡眠质量。特别对病后体虚、神经官能症导致的失眠有改善作用。每天喝一碗红枣莲心百合汤，能安神助眠。

（6）金针菜：又名"忘忧草"、"黄花菜"等，有清热利湿、凉血等功效。无论烧菜还是煲汤，食后都利于安眠。

（7）醋：过于劳累难以入睡时，不妨取食醋1汤匙，放入温开水内慢慢服用，能有效帮助入睡。

据说连续五天不睡觉人就会死亡，可见睡眠是人生命中重要的组成部分。作为生命必需的过程之一，睡眠是机体复原、整合和巩固记忆的重要方式，是保持身体健康不可缺少的环节。据世界卫生组织调查，全球27%的人有睡眠问题。其中失眠的女性比男性多，但仅有4%会选择看医生。30岁~60岁的女性一周日平均睡眠时间只有6小时41分钟。另有调查显示：45岁~65岁的女性，每夜平均睡眠5小时的女性和平均睡眠8小时的女性，前者比后者心脏疾病的罹患率高出39%。同时，失眠还有可能增加饥饿感，从而影响身体新陈代谢，导致保持或减少体重变得困难。由此可见，女性独特的生理特性和不健康的生活习惯以及过重的精神压力，都是导致失眠的重要原因。

必须注意的是，失眠对女性健康存在多重危害。研究人员在长达10年的时间里对7.1万名妇女进行调查发现，每晚只睡5小时或更少的人，冠状动脉变狭窄的风险比每晚得到8小时充足睡眠的人要高出45%。

排除吸烟和体重等因素，同睡眠8小时的女性相比，平均每晚睡眠仅6小时的妇女得心脏病的风险高出18%，睡眠7小时的妇女患这种病的风险高出9%。然而，美国波士顿布雷格姆女王妇产医院研究人员发表在《内科学文献》上的文章中提出，令研究人员感到意外的是，每晚平均睡9~11小时的妇女患病的风险也要高出38%。足够的睡眠是健康的保证，但要想提高睡眠质量，首要的是要改变不健康的睡眠方式。

(1) 戴手表睡觉

戴手表睡觉，不仅会缩短手表的使用寿命，更不利于健康。入睡后血流速度减慢，戴表睡觉使腕部的血液循环不畅。如果戴夜光表，还有辐射，辐射量虽微，但长时间的积累可导致不良后果。

(2) 戴假牙睡觉

装了全口假牙的人，在形成习惯前，可戴着假牙睡觉。一旦习惯后，就应在临睡前摘下假牙，将其浸泡在清洗液或冷水中，早上漱口后，再放入口腔。

(3) 戴胸罩睡觉

调查显示，戴胸罩睡觉易致乳腺癌。原因是长时间戴胸罩会影响乳房的血液循环和部分淋巴液的正常流通，不能及时清除体内的有害物质，久而久之就会使正常的乳腺细胞癌变。

(4) 带手机睡觉

手机在开机的过程中，会释放出不同波长和频率的电磁波，形成一种电子雾，影响人的神经系统等器官组织的生理功能。国外研究还表明，手机辐射能诱发细胞癌变。

(5) 带妆睡觉

带着残妆睡觉，化妆品会堵塞肌肤毛孔，造成汗液分泌障碍，妨碍细胞呼吸。长此以往会诱发粉刺，损伤容颜。睡前彻底清除残妆，不仅可保持皮肤润泽，还有助于早入梦乡。

(6) 微醉入睡

一些职业女性应酬较多，常会伴着微醉入睡。医学研究表明，睡前饮酒，入睡后易出现窒息，一般每晚两次左右，每次窒息约10分钟。长久如此，人容易患心脏病和高血压等疾病。

除以上不健康的睡眠方式会影响睡眠质量外，不健康的生活方式也会影响睡眠。生活中，改善睡眠质量需注意以下几个问题：

（1）少喝含咖啡因的饮料和含酒精的饮料；

（2）借由精神上的放松和规律的运动，重新培养定时睡眠的习惯；

（3）适度暴露在日光下，帮助调节生理时钟；

（4）每天清晨起床后散步半小时，帮助调节睡眠形态；

（5）用遮光性强的窗帘；

（6）吃太饱时不要立刻睡觉；

（7）睡前两小时不进食（可以喝水），特别不能吃含纤维素高的食物；

（8）睡前一小时不做剧烈运动；睡前半小时不看过于伤感的小说、电影、电视剧；

（9）养成用热水泡脚、洗澡的好习惯；

（10）睡前沐浴，这样不仅可缓解压力，还可促进新陈代谢；

（11）选择合适的床上用品；

（12）保持卧室内合适的温度、湿度；

（13）不要将闹钟放在距离身体太近的地方，它的"嘀嗒"声响毫无疑问是种干扰。

此外大家都知道，睡前喝杯牛奶有助入睡，但对牛奶过敏的女性而言，吃个苹果同样管用。平日多食用一些可提高睡眠质量的食物，如：红枣、百合、小米粥、核桃、蜂蜜、葵花子等。或将牛奶和燕麦片同煮，不仅可作为晚餐时的粥品，同时还有安神催眠的作用。

总之，治标不治本地服用安神类药物，远不及健康饮食、健康生活来得重要。值得一提的是，睡眠过多也易引发心脏病，因此每天8小时的睡眠无疑是最科学、最有效的保健方式。

如果睡不着觉，尽量不要吃安眠类药物，此类药物的依赖性很大、难以摆脱。不如采取食疗方式，坚持散步和正常运动，保持舒适卫生的生活习惯。健康的睡眠在强健体魄的同时更令女人容光焕发，这也是为什么人们把充足的睡眠叫作"美容觉"的原因。

# 4. 不同年龄吃出不同的"味"

　　每个女人要经历从"丑小鸭"到"白天鹅"的蜕变和生命的成熟与衰老。20岁、30岁、40岁的你，如何面对不同年龄阶段的营养需求？吃什么、怎样吃才能应对好生理上的变化、顺应自然而又掌控自然，成为健康美丽的"百变天后"？

**20岁~29岁**

　　20岁~29岁，正是女性风华正茂、尽情享受生活的时候。然而由于事业刚刚起步，忙于工作、适应社会，往往忽略了饮食健康。许多女人存在膳食结构不合理、热量摄取量低的问题，容易出现疲劳、情绪低落、抵抗力下降的现象，即我们常说的"亚健康"状态。

　　要想做到营养平衡并不难，最重要的是搭配好谷物、蔬菜水果、牛奶、豆类和动物食品这五大类食品。对于常吃快餐的职业女性来说，对比一下就可知道，蔬菜、水果、大豆制品等是最为缺乏的。吃饱不如吃好，身体健康、精力充沛，工作才能出色。

　　每天喝牛奶1~2杯，可提供大量的蛋白质、钙和维生素B、维生素A、维生素D等，是美容健身的秘诀之一。

　　每天吃蔬菜500克，其中绿色蔬菜250克，如：芥蓝、西兰花、豌豆苗、小白菜等，它们含有丰富的膳食纤维、胡萝卜素、维C、钙、铁等。

　　每天吃主食300克。其中最好有一种粗粮，如：燕麦、玉米、甘薯、豆子等。它们含有丰富的膳食纤维和维生素B，可提高淀粉分解速度并清除体内垃圾。

每天吃瘦肉或鱼100克，鸡蛋一个，加一些豆制品，可满足人体对蛋白质的需要。

每天吃个苹果或橙子，或250克葡萄、柚子、草莓、奇异果等，它们有丰富的维生素C以及钾、钠、钙等矿物质，使你精力充沛。

简单概括起来，可以牢记平衡饮食的"八个一"：每天要吃够"一杯牛奶、一个鸡蛋、100克大豆制品、100克鱼肉或瘦肉、1斤蔬菜、1个水果、1斤左右主食、1升清淡汤水"。

### 29岁~30岁

这是女性成熟期的开始，也是生理机能的最佳时期。然而，这一时期有64%的女人会出现程度不同的贫血现象。因此，此时首要的健康大事是补血和补铁。我们每日所需的铁质不多，但如果铁质不足，会造成缺铁性贫血，出现精神不振、易倦易晕、虚弱怕冷、记忆力差等症状。那么怎样补铁呢？

适当地食瘦肉，每天吃个鸡蛋，多吃蚬、蚌等贝壳类动物，它们含有丰富的血红素铁质，也容易被身体吸收！

多吃深色绿叶蔬菜（如：菠菜、芥蓝、干果、黑木耳、黑豆、枸杞子、大豆等食品）。

多吃一些添加了铁质的全麦面包、麦片及其他谷类食品。

多吃新鲜蔬果。蔬果中的维C能促进肠胃吸收铁质，饭后吃个橙子所摄取的维C约有50毫克，可提升铁质吸收达2~3倍。可谓"金装组合"。

这个年龄阶段，女人处于事业的上升时期，加班、熬夜、用脑过度都是常有的事，饮食不规律，很容易缺乏蛋白质。而女人身体组织的修补更新需不断补充蛋白质。如果长期得不到充分供给，还会导致记忆力下降、精神萎靡、反应迟钝。严重者还会出现抵抗力降低，感染性疾病概率增高等情况。不可否认，最好的蛋白质来自动物食物、奶类、蛋类和豆类制品。值得一提的是，各类海产品不仅蛋白质含量高、质量好，而且脂肪含量低，是补充优质蛋白的最佳选择。此外，豆制品是植物性食物中蛋白质含量最丰富的食品，每日进食2两豆类食物是一种好习惯。

### 30岁~39岁

这一时期，女性赢来了事业、家庭的成功，也承担着更多的责任。然而30岁是个敏感的年龄，相对于男性的"三十而立"，女人的生命从此进入成熟期和衰老期，若不注意保养，健康和美丽将一齐走下坡路。

骨质疏松似乎一直与女性的衰老密不可分。一般女性在35岁后，骨钙每年以0.1%~0.5%的速度减少，到60岁时竟会有50%的骨钙减少。女性在更年期后，容易出现骨质疏松症。只有在30岁-39岁这段时期内补钙，才能使矿物质在骨中含量达到最高值。这是一个先期准备的过程。

每天至少要摄入800毫克的钙，适当增加牛奶的摄入量，可从以前每天的250克增加到350克~400克。每250克新鲜牛奶含钙300毫克且吸收率最高，是最为高效的钙质来源。

其他含钙丰富的食品：紫菜、虾皮、豆制品、芹菜、油菜、胡萝卜、芸豆、黑木耳、蘑菇、芝麻等。

维生素D能帮助身体将吃进去的钙质吸收利用，因而要多食富含维生素D的食物，如：沙丁鱼、鱼肝油等。

也可服用补钙剂及维生素D来补充，但应注意补钙剂与牛奶同服会影响钙的吸收，因此，建议早餐喝牛奶，午餐或晚餐后再服用钙制剂。

醋能把钙质离子化，易于人体吸收。吃鱼类、骨类食品最好用醋烹制。

30岁的女人，劳累和压力需要自己扛，家庭事业的双重角色，让你面临巨大的健康挑战。如何应对这种中度疲劳以及疲劳导致的增重、效率低下、情绪沮丧？因此你必须吃对食物，而且在对的时间并以对的方式。

**早餐**

建议避免食用果汁、蜂蜜、果酱和巧克力面包，它们会减弱肠功能，让人全天感到昏昏欲睡，失去活力。黄油面包（全麦或含有谷类的）、蛋白质（火腿、鸡蛋、奶酪或酸奶）、新鲜水果以及杏仁和榛子等坚果则是上成的佳品。

温馨小贴士：要避免咖啡因浸泡在空胃里，因为胃液分泌过多会导致神经烦躁、易怒、乏力。所以，吃"固体"食物前，先不要喝咖啡、茶。

**午餐**

绝不降低营养要求，要选择富含蛋白质的肉类，包括：火腿、鱼类、海鲜和蛋类。同时还要吃些蔬菜和低糖主食提供能量。不要忘记每周三次食用红肉或香肠，它们可以直接补充身体对铁的需求。

**晚餐**

避免吃红肉。红肉会提供太多能量，需要的消化时间过长。菜做得太油、太甜或大量的淀粉类食物都不易消化。鱼类、家禽、蔬菜、水果最容易消化，再配一些能令人镇定、低糖的主食，晚餐就搞定了。

### 40岁~49岁

40岁以上的女人犹如盛开的牡丹，最绚烂，但也要面对无法抗拒的凋谢。女性在成为成熟的母亲与妻子时，要同时热爱生活、珍惜生命、呵护健康、善待自己。尽早保养，可推迟女人生命的重要转折——更年期的到来并顺利度过。

40岁的你对抗衰食品有哪些认识？

脂肪、胆固醇、盐和酒，这些要严格控制摄入量；纤维类（全谷类、蔬菜和水果），植物性蛋白质（大豆蛋白），富含胡萝卜素、维生素C、维生素E的食物，含钙质的食物（牛奶）要天天见。此外，每天至少8杯水。这也是一个指导原则。

将高脂肪、油炸食物从食谱中剔除，常吃容易产生自由基的食物会加速老化。所以高热量、高脂肪，尤其是油炸食物这时都要少吃。只有这样才能减少身体被自由基伤害的机会。而皮肤出现黑斑、皱纹，罹患癌症、心脏病、中风、高血压、骨质疏松症等疾病的风险也就大大降低喽。

## 温馨小贴士：

①西式快餐面前不再驻足。

②饮食以清淡为主，烹饪多采用蒸或煮的方式。

③热量摄入要比三十岁时少10%。

纤维素有助排毒、抗衰，40岁的女人仍要一如既往地重视富含纤维素的食物。纤维素能强化体内排毒功能，还能强化肠道蠕动，免受便秘之苦。食物中含高纤维的蔬菜、糙米、玉米、燕麦、全麦面粉、绿豆、毛豆、黑豆、杏仁、芝麻、葡萄干等，都是抗老化的好"帮手"!

某些天然食物确实能预防衰老、延年益寿。有了它们，留住青春的脚步很简单。

让我们来清点一下抗衰食品新名单：

蜂王浆：能刺激大脑、脑垂体和肾上腺，促进组织供氧，增强细胞活力。

芝麻：含有丰富的维生素E，能防止过氧化脂质对人体的危害，抵消或中和细胞内衰老物质"自由基"的积聚。

枸杞子：抑制脂肪在肝细胞内沉积。

花粉：内含维生素、氨基酸、天然酵素酶等，特别是所含的黄酮类物质和抗生素，是产生药效、抗衰的根本成分。

香菇：有丰富的维生素、无机盐及微量元素、30多种酶和18种氨基酸、核酸类等。能明显降低血清胆固醇。

黑木耳：具有清肺益气、滋润强壮、补血活血、清涤肠胃的功效。含丰富的蛋白质、碳水化合物、各类维生素。

桂圆：又称"龙眼"。含有维生素A和B，以及葡萄糖、脂肪、蛋白质等。具有养血安神、驻颜抗衰的作用。对那些身体虚弱、气血不足的女性来说非常有益。

## 5. 女人如水，水是最好的养颜药

肌肤柔嫩光滑，是每个女人最大的梦想。婴儿的肌肤最是柔嫩光滑，其体内水分占体重的80%以上。由于婴儿体内有足够的水分，肌肤显得细致光滑。因而，女性养颜美肤也需要补水。

水是一切生命活动的基础。人们咀嚼食物要唾液，消化食物要胃液、肠液、胆汁等，这些消化液绝大部分都由水组成。它可帮助人体维持细胞形态，增加新陈代谢功能；调节血液和组织液的正常循环；溶解营养素，使之易于吸收和运输；帮助排泄体内废弃物；散发热量，调节温度；使血液保持酸碱平衡和电解质平衡。

恰当地饮水会让女人容颜永驻。电影明星索菲亚·罗兰坚持每天饮用矿泉水，吃1片柠檬或酸橙，保持皮肤的新鲜滋润。这一习惯使她在71岁高龄时获得了"最具自然美"明星的称号！

众所周知，水是构成生物机体的要素。没有水就没有生命，不吃任何食物仅饮水，人的生命可维持70天左右，而滴水不进7天后就会死亡。

整个人体机制中，肌肤对水的需求尤为明显。肌肤缺水令许多女人的脸面干涩或者出现皱纹，尤其是眼睛和嘴唇等特别需要养颜的部位，更容易出现脱皮、起皱等问题。充足的水分是肌肤润泽的前提，缺水会使女性肌肤过早衰老，一旦皮肤"缩水"，全身肌肤就会失去弹性，脸上的肌肤也会逐渐失去光泽，整个人看起来毫无生气。

　　一般来说，女性的新陈代谢要比男性慢一些，每天的消耗量也比男性要低，因此女性常常比男性更容易缺水。因此，在各个季节，女性需要谨记时刻为肌肤补水。

　　据养颜专家介绍，女性养颜时，喝水的次数以每日4~5次为宜，不要等到口渴才喝。水也不能盲目喝，要讲求科学，适可而止。一般早晨餐前饮水比较合适，早上起床喝一杯20℃~30℃的凉开水，可迅速补充夜晚睡觉出汗和呼吸丢失的水分，防止皮肤缺水和身体脱水。而且早上刚起床那会儿大脑还处于半睡眠状态，喝水加速周身血液循环，从而叫醒半睡眠的大脑，让人活力四射。饭后、临睡前不宜多喝水，这除导致胃液稀释、夜间多尿外，还会诱发眼睑水肿和眼袋。

　　喝水可保持肌肤的弹力和水分，而泡澡和冲凉则可安抚身体某些肌肤的紧张和萎缩。白领女性都跟电脑打交道，一天下来腰酸背痛，这时泡泡澡、冲冲凉可以缓解腰背肌肤的压力，起到减痛作用。

　　据日本养颜专家介绍，"凉开水"浴能使皮肤保持足够水分，而显得柔软、细腻、光泽和富有弹性。养颜专家认为凉开水实际上是一种含空气很少的"去气水"。研究显示，开水自然冷却至20℃~25℃时，溶于其中的气体比煮沸前少1/2，这使水的性质起了变化，如内聚力增大，分子间更加紧密，表面张力加强等。这些性质与生物细胞内的水十分接近，有很大的亲和性，从而使凉开水易渗透到皮肤内。

　　水根据矿物质含量的不同，对人体健康起着不同的作用，但所有的水都能使皮下脂肪呈"半液态"，使皮肤柔嫩。

下面我们将详细介绍以下6种水的具体特点：

第一，矿泉水含多种矿物质。钙、镁、钠、二氧化碳等成分，能健脾胃、增食欲、使皮肤细嫩红润。还可加入适量硒以抗衰老。

第二，饮水中加入橘汁、番茄汁、猕猴桃汁等有助于色斑褪色，保持皮肤张力，增强皮肤的抵抗力。

第三，饮用水中添加花粉可保持青春活力而抗衰老。花粉含有多种氨基酸、维生素、矿物质和酶类，天然酶能改变细胞色素，清除雀斑、色斑，保持皮肤健美。

第四，露水。明代著名医药学家李时珍在《本草纲目》中指出："百草头上秋露，未晞时收取，愈百疾，肌肉悦泽。"这说明露水有某些生理活性。有人认为露水有"X"因子，常饮对皮肤有益；又有人发现露水含有植物渗出的对人体有利的化学物质。露水几乎不含重水，渗透力强而有益皮肤。

第五，茶水。红茶、绿茶都有促进健康包括护肤美容等功效，专家们系统地分析了饮茶的利弊，利是能降血脂、助消化、杀菌、解毒、清热利尿、调整糖脂代谢、抗衰老及增强免疫功能；弊是饮之过量会妨碍铁质吸收，甚至引起贫血、兴奋难眠等。

第六，磁化水。磁化水分子小，易渗入细胞内，加强细胞内外物质交换，因此有利于皮肤美容。

总之，水是女人最好的美肤的"养颜药"，及时补水，科学补水，是女人必须学会的美容常识。

## 6. 爱自己的第一步，是爱你的身体

女人，一定要爱自己，爱自己的第一步就是热爱自己的身体。

我们搜集了养生专家的一些实用简单的建议，希望你好好爱自己！

**行动起来**

专家发现，心脏病是与生活习惯最最密切相关的疾病之一。调查发现，一个人越早开始呵护自己的健康，遵从健康的生活方式，就越可能远离心脏病的威胁。例如：如果一个人在30岁前彻底戒烟，那么与烟客相比他将来患上心脏病的概率将降低70%。爱身体，不如现在就开始积极行动，让生活全方位地健康起来。

**呼吸新鲜空气**

锻炼是保护心脏的重要手段，但空气中的污染物颗粒却会使血管壁变厚，这样同样会影响心脏功能，增加心脏负担。人人都知道锻炼的重要性，但进行锻炼的时间和方式则需专家的指导。比如：应结合本人的心肺功能进行合理的运动量和运动方式选择，否则往往得不偿失。

**返璞归真**

我们的生活中已有太多提炼包装的东西。精细的白面和大米虽然口感不错，但缺少纤维素的碳水化合物很容易让我们患上 Ⅱ 型糖尿病，同样也使心脏负担成倍增加。

**不要吸烟**

吸烟的危害就不再重复说明了。反正别相信那些"社交工具"的借口，也无所谓的"安全香烟"，每天1~4根烟的结果是，心脏病的概率增加3倍，这还不包括其他损害。美国最新的调查更显示，所有淡味的香烟和其他香烟一样，对心脏功能百害而无一利。

**健康地吃**

绿色食物是保护健康的好食物，花椰菜和菠菜对控制血压大有好处。还有富含有益脂肪omg-3的三文鱼和金枪鱼则能保护血管健康。研究人员认为，紫色的蔬菜，例如：茄子和甘蓝等都有助于降低血压，是最大众化的健心食品，不妨多吃。

**保护牙齿**

最近的一项研究发现，患牙龈炎、牙齿出血的人血管壁往往薄而脆弱，他们比牙齿健康的人更容易出现血管破裂的情况。医生建议那些牙龈容易出血的人更该提前注意预防心脏病。每天科学地刷牙也是爱护健康的重要内容。

**学会宽容**

压抑，是心血管疾病的主要病因。事实上，小小的善举却常能帮助我们释放焦虑情绪和缓解压抑。美国研究人员通过30年的经验总结出，那些心胸宽阔、懂得宽容的人很少得心脏病。

**常食豆类**

有些食物不利于心脏的健康，比如：高胆固醇食品、含盐量大的食品。还有一些具备药用功效的食品，比如：现在禁止的麻黄类植物和苦橘等，都可使心率明显加快。其实，几乎所有的营养学家都会建议大众多吃豆类。看似平民化的豆中含有优质的蛋白,是一颗健康的心脏所必需的元素之一。

**重视自身感觉**

就连一些医生都认为男性比女性更易患上心脏病,但实际上并非如此。有数据显示,年轻女性死于心脏病的人数是男性的两倍。由此可见,女人经常因忽略了自己的症状而得不到及时治疗。记住,男人患心脏病的典型症状是胸痛,女人患了心脏病则会感觉背痛、胸口灼烧、恶心、心悸和疲劳。这些看似与心脏并不直接相关的症状,其实都是对我们的提醒。

**笑口常开**

笑一笑,十年少,这话很有道理!心情一好,多活十年没问题。大笑可以锻炼全身肌肉,加速血液流动,对心脏很有好处。如果想有个好心情,不妨看场喜剧电影,哈哈一笑,不快的感觉也就烟消云散了。

**消毒杀菌**

研究人员认为,飘浮在空气中的肺炎衣原体病毒,不仅会引起支气管炎和肺炎,对心脏健康同样有害。最好能做到经常洗手,防止病毒和细菌的侵害。所谓"病从口入"——心脏病也不例外。

**"如果爱"**

最近,加利福尼亚研究人员取得的研究成果表明:如果经常想起你爱的人,可减少抑郁荷尔蒙对身体的毒害。所以,生活在爱意之中的人们,心脏的健康度更高。还是应了那句老话——爱别人就是爱自己。

**给内脏减肥**

经常测测自己的腰围和臀围,用腰围除以臀围,若得数超过

0.8，那么附着在内脏上的脂肪量就超出正常的范围了。内脏发胖，意味着心脏负荷更重。

### 少吃止疼片

大部分镇痛类药物都有增高血压的副作用，比如：服用超过500mg的醋氨芬会使血压增高一倍。因此患有慢性疼痛的女性朋友，最好选择去看医生，根据医生的建议用药。

### 少吃垃圾食品

如果你超重了，那你患上心脏病的概率往往更大。所以尽量少吃垃圾食品，这类食物的卡路里含量大。研究发现，如果一个人每星期少吃一次快餐或少去一趟餐馆，那么一年内其平均体重可下降10斤左右。

### 安全性行为

有数字显示，性病对心脏的伤害较大。比如：疱疹会触发血管壁的化学变化，使胆固醇有机会形成危险的血栓或肿块。因而，安全的性不仅是对下半身负责，还同样关乎心脏安危。

### 关心自己的健康指标

通过估算人体中的一些指标，能估算出心脏功能的好坏，这些指标主要包括：胆固醇、血压和血糖。因此建议大家定期到医院进行检查，就自己的相关指标积极地向医生提问，并请医生根据具体情况确定出最适合的健康方案。

### 学会放松

想办法让自己放松，这很重要。压抑的情绪硬化了血管，减缓血液流动速度，进一步将你置于心脏病的危险之下。不如改变一下"总给自己加码"的生活态度，试着让自己慢下来。闲暇不妨练练瑜伽，这对心脏健康大有好处。

### 远离苏打

Ⅱ型糖尿病目前越来越多见，这主要源于人们不当的生活不规律，同时对心脏的危害也不小。建议少喝高糖饮料，每天坚持喝水不少于5杯，通过稀释血液，降低血黏度，来减轻心脏的负担。

### 正视抑郁

研究发现，抑郁可能触发炎症，降低免疫力，严重时甚至可导致血栓。更糟糕的是，抑郁的女性患心脏病的数量是男性的4倍，可见女性更应重视抑郁症。长期的心情抑郁可能导致"硬件"的损伤，心脏可谓首当其冲。

### 恢复锻炼

医生过去曾认为，心脏病是不可逆转的，但现在这种观点值得商榷。比如：好胆固醇就有清除坏胆固醇的功能。因此我们相信，适当的锻炼可使原本有些问题的心脏功能逐渐恢复。

### 调整饮食

世界上没有哪种食物对心脏是完全有益的，但应记住，首先应该吃的一定是蔬菜，而后再关注蛋白质和碳水化合物。事实上，现代人的纤维摄入量普遍不够。

### 爱上红色

这个世界上每秒钟就有一位妇女被疾病夺去生命，心脏病更是成为女性健康的主要威胁。研究认为：苹果、西红柿、胡萝卜等红色食物对心脏健康好处多多。每天应至少吃一种红色蔬果。

### 锻炼

不必多说，行动永远胜于雄辩。研究发现：每天给自己哪怕一刻钟时间出去走走，也能将患上心脏病的概率降低50%。

**不要左右摇摆**

体重忽高忽低，哪怕只是5斤，几年下来心脏也受不了。血液中胆固醇水平变化太快，心脏需要努力去适应。

**保证睡眠**

充足的睡眠是解决一切健康问题的前提。研究发现：长期睡眠不足使心脏病概率成倍增加。要维持健康，每天睡眠时间至少7小时。

# 第二章

## 秀外慧中，女人味是一种"品位"

没品位的女人，不论如何修炼都只有浅显苍白。有女人味的女人，她乐于学习，天天看报，经常上网，却不整天迷恋时尚杂志和八卦新闻。文史哲各有涉猎，偶尔看流行电影，但不限于情节并能从中看到不一样的东西。或许，她还学英语、茶道、插花，练书法、瑜伽。广泛的兴趣爱好，积淀了她的内涵与修养。事实上，能凭自己的内在气质令人倾心的女人，才是最有女人味的女人。

## 1. 美丽与生俱来，魅力则靠自己营造

现实生活中，很多女人只注意穿着打扮，并不注重自己的气质是否给人愉悦的感受。诚然，美丽的容貌、时髦的服饰、精心的打扮，都能给人以美感。但是这种表面的美总是肤浅短暂的，就像天上的流云，转瞬即逝。

气质，则给人不受年纪，服饰和打扮局限的美感。一个女人的真正魅力在于特有的气质，这种气质对同性和异性都有吸引力，是一种内在的底蕴。

有个国王在临终之际，把两个儿子叫到跟前，对他们说："我想要一朵世上永恒不败的花，你们俩谁先找到这种花，谁就可以做国王。"于是两位王子跋山涉水去寻找国王心中的花。走过无数地方，问过无数园丁，都找不到这样的花，世上所有的花都不可能常开不败，有开就必有落。

两个王子当然不能空手而归，他们各自带了自己找到的花朵回到宫中。

大王子带回的是一朵普通的花，他很骄傲地把自己从园丁那儿学来的温室技术向国王展示，用保持花开所需的温度和方法，让它一直处于开花期。国王看了后，不发一言。

小王子则拿出一个小小的玻璃瓶，里面是他已碾成粉末的花。他对国王说："开放的花朵虽美丽，却总有一定的期限，花

的香味却能让人回味无穷。所以，无形无色的花才是永开不败的花"。听了小王子的话，国王终于露出了笑容。如我们所知，小王子顺理成章地继承了位。

女人外表的美丑并不代表一切，长得美虽能给人留下深刻的第一印象，但如果一个女人仅有美貌却脑袋空空，别人在和她经过一段时日的交往后就会觉得无趣。而有些女性并非美女，却非常吸引男性，她们谈吐优雅、举止端庄、观察敏锐，拥有良好的人际关系，温柔，体贴等，这些魅力与容貌无关，但产生的影响却远胜于美丽的外表。

最终令一个女人闪耀的，是她的思想而非她的容貌，有思想的女人才是一朵常开不败的花。花艳固然好，花香更让人回味无穷。那些伟大的科学家，文学家，政治家，并无花容月貌，却凭着非凡的智慧和思想受到世人景仰。

经岁月剥蚀后显出的学识、修养、能力、道德观、人生观，才是真正的自我和内涵，也是获得尊重的必要条件。

也许你是个漂亮的女人，但作为女人光有漂亮的脸蛋儿远远不够，还应具备自身特有的气质和后天的人格修养。漂亮与魅力不可相提并论：前者会随着时间流逝而衰颓，后者却可通过人格的完善、适当的化妆、得体的服饰以及自身修养的提升而得以延伸。

生活中有很多女人放下自己的个性和追求，封闭自己的智慧和成长，把自己永远固定在贤惠的保姆角色里，结果却丢失了自己。女人若是丢失了自己，还有什么魅力可言？身为女人，除有老公、孩子外，也应留点时间和空间多充实自己。多经营一分自我，必多一分自信；多一分自信，就会增一份魅力。

女人一旦开始注意自身修养的丰实与积累，不断提升自己的道德素质和品格水准，她就是在提升自己的内在素质。这种内在修养正是她取之不尽的魅力之源，无论她外表是否靓丽，无论她年轻还是老迈，这种内秀都决定了她的气质魅力。

那么，怎样做一个有魅力的女人呢？

首先，女性要懂得自尊自爱、自信自强；要知书达理、眼界开阔；要仁慈博爱、善良温婉……这一切会使女性的心灵更高尚，形象更完美，魅力指数增高。

有人以为，高尚完美者一定是少有的、远离生活的超凡之士。其实不然，如果细心体察，你会发现在我们的周围、在平凡与喧嚣的日常生活里，也不乏高尚的人和事。在不经意间，他们的言行举止会让你心头掠过一丝温暖，感受到心灵的震颤。如果能有意用这样的标准要求自己、约束言行，就能不断提高修养，陶冶情操，逐渐完善自身的气质形象。

此外，一个完美的现代女性还需树立正确的人生观。要自信乐观、正直真诚、言行一致、乐于助人、仁慈同情、细腻体贴。与人交往时，要真挚热情、豁达大度，不要心胸狭隘、斤斤计较。别人遇到困难时，要热情相助而非漠然置之。要知道，你帮助别人，你的付出同样会为自己带来满足与欣慰。同时，遇事要有明确的是非观，不可攀权附贵、奴颜婢膝。社交中，要做到谦虚而不失自信，真诚而不失优雅，活泼而不失端庄，坦率而不失礼貌。

美丽是与生俱来的，魅力则靠自己的营造！如果你还年轻，希望拥有美丽的同时更具魅力；如果岁月已在你脸上留下痕迹，何不通过改变自己的内心世界，让自己变成魅力女人？气质出众的女性总能得到众人的赞赏，其中的奥秘在于她懂得形神兼修、秀外慧中的道理。

如果能不懈地完善自己的品格，自觉地陶冶自己的情操，那你定会成为一个秀外慧中的气质女人。

## 2. 坐拥书香，学问改变气质

著名作家林清玄在《生命的化妆》一书中写道："女人化妆有三层，其中第三层的化妆是多读书、多欣赏艺术、多思考、对生活乐观，培养自己美好的气质和修养，充实心灵，陶冶性情……"的确，读书为女人带来最美妙的时光，当她沉浸于书海中冥想或会心一笑时，可称得上是人间最可爱的天使。

曾几何时，我们远离了书香：或忙于工作，或忙于家庭琐事，读书已成为一件奢侈的事。一本好书，像一座灯塔，在茫茫黑夜中给我们指明奋斗的方向。莎士比亚说过："生活里没有书籍，就像生命没有阳光；智慧里没有书籍，就像鸟儿没有翅膀。"由此可见书籍在我们生活中的重要性。读书能让女人更优雅，好书能滋养人们的心灵，进而不断完善自己。

作家毕淑敏在《读书使人优美》中这样写道："读书是最简单的美容之法，读书是在聆听高贵的灵魂自言自语。想要美好的女人，就去读书吧！不需花费太多的钱，只需花费很长的时间。

可若能持之以恒，优美就会像五月的花环，在某一天飘然而至，簇拥女人的颈间。"

不管终日忙于工作还是照顾家庭，这些都不该成为剥夺一个女人个人时光的理由。想在岁月的冲刷中保持最初的光华，女人要不时地充实思想，在床头为自己放一本书。

曾有人说，假如一个女人有十分的美丽，可若少了书的相伴，她就会失去七分的魅力和韵味。有一种女人虽算不上倾国倾城，却散发着独特的魅力，纵使素面朝天地走进浓妆艳抹的女人中，也会格外引人注目。她的吸引力，不在于外表，而在于那份深邃的气质，那份浑身流溢的书卷气息。

有这样两姐妹，姐姐身材高、脸蛋儿美、如花似玉，但街坊邻居觉得她轻浮。妹妹个子矮、鼻子塌，邻居都叫她"丑小鸭"。姐妹两人长相差距很大，个性也大相径庭，唯一相像之处是脸上的雀斑。

姐姐常去做美容，每月的工资几乎都花在了美容上。她觉得脸上的雀斑是个遗憾，想尽办法遮盖它。然而美容却遮盖不住心中的俗气，与其交往的人不久就会厌倦她。

妹妹则喜欢读书，每逢假日必去书店。她的工资除了生活中必要的花销外，几乎都用在了书上。她读了很多书：从英国诗人艾略特的书中品尝出人生的深奥，眉宇间增添了思考的睿智；从海伦·凯勒的书中咀嚼出战胜自我的力量，从自卑的困扰中走了出来；从中国古典名著中学会了做人的谦恭，使自己多了一分书卷气……

时间久了，妹妹的言谈举止中自然流露出一种脱俗的魅力，连脸蛋儿上的雀斑也显得俏皮。人们都愿与她交往，有疑难问题也都爱找她帮助，慢慢地，她的朋友也多了起来，成了大家关注的焦点。

高尔基说："学问改变气质。"读书是气质、精神永葆青春的源泉。读书不分年龄界限，年年岁岁都是读书女人的芳龄。和书籍一起生活，永远不会叹息。知识是最好的美容佳品，书是女人气质的时装。它会让女人保持永恒的美丽。书更是生活中不可缺少的调味品，让你感在其中、品在其中，回味无穷。

当今社会，聪明的女人俯拾皆是，品学兼优、相貌端正、家世显赫、知书达理、个性温和的女子大有人在，不管走到哪都是一道靓丽的风景线。她们可能貌不惊人，但却有一种内在的气质：幽雅的谈吐超凡脱俗，清丽的仪态无须修饰。那是静的凝重、动的优雅；那是坐的端庄，行的洒脱；那是天然的质朴与含蓄混合，像水一样的柔软，像风一样的迷人，像花一样的绚丽……这一切都源于读书——要读书，好读书，读好书。女人修内首先要读书：读书可汲取从古到今的精华。时间长了，她们的骨子里会更淡定、自信与坦然，当岁月老去，收获的是从容与优雅。

她是一个很特别的女孩。无论遇到什么事，哪怕他人摆出咄咄逼人的架势，她也从不轻易动怒。她总是莞尔一笑，给人以岁月安好的宁静。她的心如水般平静，从不说刻薄话，也不议论别人的是非，更不怨恨任何人。对于情感，她像洁白的雪莲花，不给爱情和爱人附加任何条件，爱就是简单纯粹。

　　她的房间里有面书墙，摆满各式各样的书籍，最喜欢的是一套三毛文集。她说，向往三毛与荷西的爱情，看她的文字，就像开始了一段别样的旅行，字字句句都透着真善美，透着对生活的热爱。这一切，无时无刻不在敲打着自己的心。

　　她喜欢有深度的作家，像毕淑敏，向来对生命存着敬畏和关爱，教她领悟活着的可贵以及珍惜的含义。书架上的书，是她的天堂，是她的世界。渡边淳一的《失乐园》、塞林格的《麦田里的守望者》、米兰·昆德拉的《生命不能承受之轻》、西蒙·德·波伏娃的《第二性》、鲍·瓦西里耶夫的《这里的黎明静悄悄》等都是她的朋友和导师。

　　每读一本书，她都会精心写下感悟，或发在豆瓣上，或者自己收藏。她觉得，这是心灵的收获，是生命的无价之宝。有书陪伴的日子，她觉得自己一直在被养分滋润着，吸取天地间的精华，让心灵开出动人的花。书，给她一对自在翱翔的翅膀，也给她水般温婉性情，透明真实，温柔却不软弱。

　　她已经35岁了，有家，有孩子。可这一切，并没有打乱她的书香世界。她的书墙，就是她的精神领地，那是一个没有人能够占据的世界。她坚信，未来的十年，二十年，在书的滋养下，她会比现在更从容、更自信、更优雅。


　　书香中的女子是温和的、善良的、宁静的。书给了女人富有女人味的底蕴，给了女人温文尔雅与善解人意，令女人成为男人心目中永远的亮丽风景。

　　岁月沧桑，时光荏苒，摧毁的可能是女人的容颜：厚厚的粉底也无法掩盖逝去的青春，曾经的美丽已不再，再好的脂粉怕也

### 瑜伽

瑜伽现在是一种很时髦的运动，起源于印度，尤其适合女性练。它不仅能减肥，还可调节舒缓神经，调节女性内分泌，使完全放松的身心得到净化，从而更具有女人味。

### 多读书，调剂生活

英国哲学家培根说："读史使人明智，读诗使人灵透，数学使人精细，物理使人深沉，伦理使人庄重，逻辑修辞使人善辩。"罗曼·罗兰说："和书籍生活在一起，永远不会叹息。"读书，让女人更加聪慧。书本赋予女人的不仅是丰厚的文化底蕴，更是一种从容的生活态度，一种成熟女人的魅力。

### 常听音乐，神清气爽

音乐渗透着人的整个生命，贝多芬说："音乐是比一切智慧、一切哲学更高的启示，谁能渗透我音乐的意义，便能超脱寻常人无法自拔的苦难。"海顿说："当我坐在那架破旧古钢琴旁边的时候，我对最幸福的国王也不羡慕。"柴可夫斯基说："音乐是上天给人类最伟大的礼物，只有音乐能够说明安静和静穆。"

音乐能舒缓女性脆弱的神经，消除女性沉重的压力，还可陶冶情操、提高素质，女性不妨多培养自己在音乐上的兴趣吧！

# 4. 梦想和爱情一样值得珍惜

梦想无论怎么模糊，它总潜伏在我们心底，使我们的心为之热烈，直到它成为事实。女人一生都应有梦想，它是一种心灵的东西，也是生命的一种释放形式，它有直观天然的特性，不会被教化和灌输，它纯粹感性。如果你希望做个幸福的女人，有自己的精彩人生，就请不要放弃自己的梦想。

非凡的女人背景各异，但都源于敢于追梦。当她鼓起勇气为梦想踏出第一步的，生命已不再一样；当她在生命中放飞了梦想的风筝，她的心就接近了蓝天的高远。梦想是女人成功的第一步。有梦想的女人，对生活和未来充满信心和激情；有梦想的女人，对朋友和同事都有着超强的感染力和凝聚力；有梦想的女人，能使自己在成长中由弱小变得强大。舞台可以很小，但有了梦想，舞台外面的空间就会变得很大。梦想让发展的空间变得广袤，这种广袤与美丽在张璨的身上得到了很好的印证。

大学毕业的那天，同学们都兴奋不已，只有张璨无法兴奋起来。她羡慕地看着同学们谈论着未来的工作和前景，同时心里却想：今后的路该怎么走？思索良久，张璨最终决定："我就自己去闯荡，我要让我的生活充满活力和希望，实现自己更多的梦想。"

怀着这样的心态，张璨开始了她的创业生涯。从中关村的一间小屋开始，到经营一个部门，再到自己开创电脑贸易公司……经过努力，张璨终于挖到了属于自己的第一桶金。当时，做电脑贸易在中关村还没有品牌的概念。张璨为电脑贸易公司取名"达因"。1994年，公司成为康柏公司亚洲地区最大的代理商。1996年，集团显示器生产厂建成，每年出口达1亿美元，内销两三亿人民币。如今达因成为了拥有几十家分公司、净资产上亿美元的大型集团公司。

　　面对这些成就，张璨把一切都归于自己所拥有的梦想。为梦想，她学会了追求和奋斗，学会了父亲时常告诫自己的自律。只要一想到自己的梦想，一想到要为梦想努力奋斗，她就会信心满满地开始新一天的历程。直到今天张璨也不敢说自己是个成功的企业家，她知道在理论和管理实践上自己还需不断学习。成功，只是自己梦想的一小部分；而成长，则是人生永恒不停的步伐与追求。


　　没有梦想的人生是乏味的，所以无论成功与否，女人都应追自己生的梦想。只要有梦想，人人可升华。梦想值得女人珍惜：和爱情一样，一旦浇灌它，就可带给女人幸福愉悦的体验。不管你的梦想是成为事业型的女人，在某个领域做一朵铿锵玫瑰；还是惬意地在自己的小小世界里书写美好的童话故事，只要你不懈地追求，它都会给你带来丰厚的回报！

## 5. 格调是必不可少的营养

在女人的世界里，容貌似乎总能为事业或生活助上一臂之力，但在为自己贴上"美丽标签"的同时，还需意识到，格调是必不可少的营养。容貌只会陪我们走过一段时光，而格调却是一股内在的力量。

"格调"是什么？当代法国思想界的先锋人物、著名文学理论家和评论家罗兰·巴特说："有点钱，不要太多；有点权力，也不要太多；但要有大量的闲暇。读书，写作，和朋友们交往，喝酒（当然是葡萄酒），听音乐，旅行等等。"文学、音乐、品位、礼仪等等，固然可以帮助我们提升生活品质，可如果沉溺其中，反而成为负累，使我们无法享受原汁原味的生活。女人最不可原谅的缺点就是枯燥乏味。从未接受过文明滋养的女人固然缺乏光彩，而按统一的模式培养出的"淑女"，同样让人提不起精神。

比如：很多人都说没有音乐的生活是难以想象的——有格调的女人应爱交响乐，还应喜欢一些浪漫的小夜曲和轻松的协奏曲。一代才女张爱玲有一篇文章叫《谈音乐》，可以帮助正追求"格调"的女人们开开窍。

然而交响乐，因为编起来太复杂，作曲者必须经过艰苦的训练，以后往往就沉溺于训练之中，不能自拔。所以交响乐常有这个毛病：格律的成分过多。为什么隔一阵子就要来这么一套？乐队突然紧张起来，埋头咬牙，进入决战阶段，一鼓作气，立志要把全场听众肃清铲除消灭。而观众只是顽强抵抗着，都是上等人，有高级的音乐修养，在无数的音乐会里坐过的。根据以往的经验，他们知道这音乐是会完的。

我是中国人，喜欢喧哗吵闹，中国的锣鼓是不问情由，劈头劈脑打了下来的，再吵些我也能够忍受，但是交响乐的攻势是慢慢来的，需要不少的时间把大喇叭小喇叭钢琴凡哑林一一安排布置四下里埋伏起来，此起彼应，这样有计划的阴谋我害怕。

张爱玲出身名门望族，又曾在国外留学，如此身世学识却毫无八股气，只喜欢人间的、世俗的美，深知平凡生命的乐趣。所以"高雅的女人爱音乐"的大帽子压不倒谁，你喜欢什么，不喜欢什么，尽可以按自己的兴趣去选择。

事实上，越是对生活本质和自己位置没有清晰的认识的小女子，越容易被"格调"所误，为某一种"讲究"劳心费力。真正的大家风范是先做好你自己。

俄罗斯前第一夫人柳德米拉一直保持低调生活。当时她没有自己的形象设计师，这在其他国家是不可想象的。哪国第一夫人没有自己的形象顾问？但柳德米拉就没有。她总凭直觉选择服饰，而不是通过咨询顾问来捕捉时尚。

柳德米拉偏爱颜色亮丽、风格鲜明的服装。她说："每当触摸到一段衣料，我脑海中就会思考这样的问题：用它做什么式样的衣服比较适合？从领口到腰身，一切构思都在瞬间成熟。至于它是否与时下的流行相抵触，我一般不大理会。"

柳德米拉获取外界信息的主要途径是上网和看电视。她喜欢戏剧，但很少去剧院。她认为，现实生活同样充满戏剧性，蓄积着多种情感。和普京一样，柳德米拉也喜欢音乐，认为音乐是生活的重要点缀。和总统不一样的是，她更喜欢俄罗斯流行音乐和歌手。老友聚会时，情之所至，偶尔也会高歌一曲。柳德米拉对音乐的喜好无章可循，只要旋律动听，就会饶有兴致地听下去，尤其对经典的浪漫曲百听不厌。

高雅和低俗在于人的心胸品格，而不在于任何一种姿态或形式。

格调是一种智慧，我们要做发挥自己本色的格调女人，从容自信地处世。格调也是一种个性，是一种自我坚持，不盲目克隆别人的美。格调蕴藏在个体的差异中，只有打造出全新的自我，才能拥有不同于一般女人的韵味。

# 6. 留一杯下午茶的独处时间

生活中，很多女性把时间给了孩子、老公、工作、家务，真正留给自己的时间很少。现实的喧嚣浮躁，让原本具有的活力的心灵变得麻木僵硬。因而，有气质的女性会给自己留一点享受独处的时间。

　　萧然是个都市白领，早九晚五的生活让她疲惫不堪。回到家中还要照顾丈夫和孩子，虽然下班很早，但真正可以静下心来做自己的事情的时间很少。常常督促孩子写完作业后就很晚了，为了明天的工作她不得不上床休息。"一点自己的时间都没有"是萧然常抱怨的话题，时间久了，她也认定生活的本来面目是忙碌烦琐的。有时她后悔自己那么早结婚生子，婚前没多留点时间享受生活。

　　很多年后，被生活同化的萧然依然忙忙碌碌的过日子，当初那个美丽自信的女人已经不见了。


　　这个社会需要女人付出很多，好女人不仅有事业还要顾及家庭，属于自己的时间就少了。很多已婚女人都这样劝未婚的女人："趁没结婚多玩几年吧，想去什么地方就抓紧去，别等结婚后老公、孩子、工作一堆事，哪也去不了。"实际上，不是事情多、抽不出时间，而是不懂享受生活和独处的时间。

　　周国平说："独处是一种能力。"的确，享受独处的时间是一种幸福的能力，一种提升自己气质的能力。面对烦琐的生活"偷得浮生半日闲"，一杯简简单单的下午茶，在自己的时间里充分享受自我，这样的女人才是美丽的。


　　徐云是个有气质的女人，她那种浑然天成的气质，令她无论走到哪里都会成为人群中的焦点。

　　生活中的她，不是每时每刻都在拼命地工作，也不是每天都围着老公孩子转。她懂得享受自己一个人的时间，早上每天坚持的晨跑，午后的下午茶，不管什么时候都让人会感觉到她的气质所在。她说："生活中事情是做不完的，而我们的生命是有限的，所以，我利用一切闲暇时间来享受生活，来放松自己的心情。"

她就这样地活着，工作尽力就够了，丈夫懂得挣钱而顾家就可以了，孩子学习开心就好了。这样让她比同龄人更有气质，丈夫更疼她，孩子也更懂事。

现实中，独处也是一种生活的享受。独处不是离群索居，也不是寂寞时用来打发的时间，更不是逃避现实烦恼。在杂乱的生活中，给自己一点独处的时间，放下心来感受生活，调整自己的内心，这样每天都会有份好心情、好气质。其实，享受独处时光，也是为更好地融入到社会中。

懂得放松自己的女人，她的生活有弹性，面对无奈的现实也会用于接受和适应的。懂得放松自己的女人也是从容不迫的，遇事总有解决的那一天，多余的慌乱和烦躁只会扰乱了自己平静的生活。因此，这样的女人也是有气质，魅力无限的。

## 7. 别急，底蕴是一个长期积累的过程

女人大多注意外表，但聪明的女人一定懂得内外兼修才能立于不败之地的道理。底蕴深厚的女人聪明、善解人意、爱好艺术、富有内涵且眼光独到。她们活着就注定为实现梦想而百折不

挠、千辛万苦地去努力奋斗，这其中的每段经历都是一笔财富。底蕴是一个长期积累的过程，在这个过程中，你需要时刻反省，看看以下10种举止——这些众人眼里公认的"缺少底蕴"的表现是否在自己的身上出现过。

**举止轻佻**

型男在场的社交派对上，你从女士堆里第一个走到他面前交换名片，以示你的魅力无限。不过，你可能没在意自己走动时过于摇摆的腰部，谈话时为扮性感而过于甜腻的声音，妒忌你的女同事们会用闲言碎语将此事迅速传播到公司领导耳的中，导致你的可信任指数迅速下降。

你已很清楚脱颖而出、引人注目的道理：毕竟，灰姑娘是没人理睬的，回头率和追光度的保持，有利于增强你的自信。可是，露脐装之类的玩意儿，最好留给表妹，穿吊带衫出门时最好再加件披肩。成熟女人至少外表上落落大方。

对了，姐妹们发给你的微信就别再转发给异性了，这些闺蜜共勉的话未必适用于所有人。记住，有深度的魅力来自于你由内而外的气质流露，而不是一时的才艺展示。

**爱慕虚荣**

如果过生日没男友送花，也不要偷偷打电话到花店要求送花上公司并要三名以上女同事在场。至于已过家庭生活的两口子，情人节更没必要高标准、严要求地苛求男伴了。最新款的手机并非专门为你设计，隔着橱窗欣赏罢了，毕竟，他的钱要用来养家。所以，凡事量力而行，买东西实际些，会让你更有居家女人味。

### 冲动消费

相信你在路过挂满漂亮衣服的橱窗时，也会下意识摸摸银行卡。如果每次消费内心像有天使在飞，那你最好在消费前就想起"冲动是魔鬼"。

那副墨镜，你是不是买了后就扔进抽屉再也没理睬过它？街边新开精品店里的进口的娃娃，贵得离奇，你是否一时兴起买回家后再也没打开过盒封？

没错，你有着普天下所有女人同样的爱好——痴迷于花钱买一些根本用不上的玩意儿。你会在拥有它的瞬间，感受到唯"物"主义者的快乐。至于实用性、使用价值、性价比之类的术语，你很少在乎。

如果你只负责在消费时冲动一点、在冲动时消费一点，那么难怪在别人眼里，你总是一个爱乱花钱的小姑娘。

### 爱情幻想

你是否是那种口口声声说自己单身没爱人，身边却从不缺爱情的人。少女时代的你是个完美主义者，一定要找个王子。对即将开场的爱情故事中的男主角，坚持着高大全的形象标准。

后来你遇到了男人甲乙丙丁，相处下来都不怎么满意，于是开始觉得生活在远方、爱情在别处。再后来，你又通过朋友介绍认识了男人ABCD，你以为自己阅人无数了，够成熟了，于是由衷地感慨"早把男人看透了"、"没一个好东西"云云。

其实，你压根就是个爱情幻想主义者。可以理解你年少无知时做的爱情美梦，可在现实中磨砺了这么久，你依然不肯脚踏实地：一方面约会不断却总不肯真情投入，另一方面又眼巴巴地盼望着极度浪漫的事情发生在自己身上。你抱着这样的感情态度来生活，显然，除了年龄的增长外，你一无所获。

**乱发脾气**

有人反应总是慢半拍，而你恰恰相反，是一触即发型。因为男友对你着装一句过分的评价，你会立即在大街上甩开他的臂膀，让他在众目睽睽之下拼命找地洞。你的情绪阴晴表上，晴转多云短时阵风有时阵雨居多。

如果说偶尔的娇嗔还可增添几分你的可爱，那么请相信，没几个男人受得了你的习惯性发飙。至少有十大理由，可以向情绪化、爱流泪的你解释为什么不要乱发脾气：有伤肝败胃说、催老折寿说、影响工作说、亲和力下降说、女人味流失说、有损形象说……人生本来就是喜怒哀乐，发脾气是一种正常的现象，但乱发脾气显然是性情不成熟的表现。

**张弛无度**

说说你的事业吧！你是否经常丢三落四？异想天开？三天打鱼两天晒网？业务上舍本逐末、不分主次？如果你想预知自己的事业是否有美好前景，能当领导还是只能当领导夫人，只要检查一下你的手袋里是杂物横陈，还是井井有条。再反省一下你的博客日志上，究竟是写满了白日梦和写意诗，还是有条不紊的工作计划。

一个做事有计划、计划能落实、落实有效果、效果很明显的人，会受任何老板的欢迎。但如果情形相反，就别拿"计划不如变化快"当借口。你变化够快，是因为你压根就没计划。

**心胸狭隘**

新来的女同事比你更受领导欢迎了，比你更年轻漂亮了，穿的衣服比你更时尚了……让你感到十分不爽！同事间鸡毛蒜皮的小事，来回两句言者无意的调侃，立刻引起你莫名的妒忌。你开始行动了，虽没有绝对的恶意，但你控制不住要在背后说对方坏话、嘲笑她的糗事、讽刺她的着装……

诚然，女人是一种好妒的动物，在某些方面，缺乏开阔的胸怀，常易走极端。可你需要知道，成熟的人懂得宽容，懂得求同存异，想想男友多年来对你的容忍和理解吧！要是你也像他那样胸襟宽广些，那么你们办公室的气氛肯定会融洽很多，你的人缘也会更好。

**任性自我**

打从小女孩开始，你不用教就学会了吵着要吃雪糕、买新衣服。长大了，你还是如此。周末，男友要是没陪你过完逛街瘾，你也不管他要加班或公务应酬，一个字：闹！

蛮横无理、自以为是的女人、不换位思考与顾及他人的女人、专横跋扈极度自我的女人，在大家心中不会是个可爱的女人。耍耍小性子、发发小脾气没关系，及时打住就行，男人就烦那种过度任性的、在任何场合下都不替对方着想的女人。成熟的意思里，包含懂得尊重他人，懂得怎样尊重他人以及心存感恩。

**年长无知**

很多女人和你一样，大龄、高龄、危龄了，兴趣爱好还停留在逛街游玩上，不懂得社会人生更顾不上事业发展。

没有忧患意识、得过且过的人，遇到人生波折时，遭遇的打击常是毁灭性的。如果说十五六岁花季少女年幼无知尚可原谅，那拥有花季少女双倍年龄的你，还跟十多年前那样简单幼稚，情商智商无明显提高，那就是你的不对了。

不是对明星八卦如数家珍就证明你博学、看的电视剧多就表明你对人生理解深刻、打字打得快就证明你电脑水平很高、会开玩笑就证明你是业务谈判上的能手……知识与涵养同样有深浅之分，这取决于为人处事点滴的日积月累，取决于你对自己的要求与期望。

如果和年轻人相比，你多的只是几年来的上班考勤记录，那么，迟早有一天你会失去长者应有的地位。

# 第三章

## 亭亭玉立，女人味是一种"香味"

　　这香味不仅指身体散发出的香，否则，一瓶香水就能解决了女人味。这香味是一种自内而外散发出的迷人气息：她的亭亭玉立，骨子里流露出的灵性令人着迷；她工作繁忙，却从无愁苦面容；她亲切随和，人人都愿与之亲近。与她谈天说地，常能获得人生启迪并感受到生活的美好与希望。

# 1. 勤能补"拙"，美丽靠自己创造

梁实秋先生有言："上帝给了女人一张脸，女人能造出另一张来。"

上帝给予每个女人灵巧的双手，可化腐朽为神奇、化丑陋为美丽、化平淡为魅力。女人就像是未经打磨的钻石，只要采用适当的化妆手法，就会发出耀眼的光芒。

女人之美，风情万种：有性感热辣的魅力四射、时尚摩登的现代印象、婉转清扬的清纯如水、古典婉约的东方古韵、颓废阴郁的无尽下旋……万丈红尘间，每个女人都展现着自己的独特魅力。毫无疑问，她们都是天使。

化妆的神奇功能处处可见。通过化妆，女人用粉底抹去原色的脸，全面弥补缺陷，进而创造出一张理想的脸。通过眼影，双眼熠熠生辉，明亮有神，眼角的细小皱纹更不露痕迹地完全消失。窄脸的女人把腮红涂在远离鼻子处，利用视错觉使脸看起来更丰满些；而宽面的女人则把腮红涂成垂直且模糊不清的一片，使脸部有效地"收缩"。

张秋梅是一家广告公司的部门经理，每天总一身单调的职业装、一头蓬松的长发。每每谈判时，这身一成不变的打扮，总令她感到底气不足。

后来，听了身为形象设计师的朋友给出的建议，她剪掉留了多年的长发，换上端庄又富朝气的高档套装。谈判时，优雅干练、精神饱满的形象，为她工作的展开增色不少。

在认识到外在形象重要性后，张秋梅开始对自己进行"包装"——请人量身定做一套"女性精英"的行头。不仅如此，在言谈举止方面，她也做了学习和训练。譬如：如何走下汽车，如何与人握手，如何步入会场以及在大小型庆祝活动中的问候方式等，都严格按照规定进行。当然，她也从中受益匪浅，得到了圈内人士的认同。

再后来，张秋梅凭多年积累下的人脉，辞职开了自己的公司，成了名副其实的"女强人"。


像张秋梅那样因受外在形象的羁绊而徘徊于成功边缘的女人比比皆是，但令人遗憾的是，绝大多数女人都没意识受羁绊的根源是对自己外貌的忽略。

其实女人自信与否很大程度上受外貌影响：外貌越漂亮越自信，从而工作也更出色，得到别人敬重的程度越高。

西方有句名言："你可以先装扮成'那个样子'，直到你成为'那个样子'。"想要成功，首先要让自己看上去"像个成功者"——在外形上接近成功者，是自己在思想和行动上走向成功的最关键一步。

"形象"是女人外表与内在结合后留给他的印象，它无声又准确地传展现着你的年龄、文化、修养、社会位置。

英国女王曾在给威尔士王子的信中写道："穿着显示人的外表，人们在判定人的心态以及对这个人的观感时，通常都凭他的外表，而且常常这样判定，因为外表是看得见的，而其他则看不见。基于这一点，穿着特别重要……"

你的外貌可以影响他人对你的看法，就像每个人都会受别人外貌的影响一样。美丽的外貌，不仅可以让女人变得更自信，也让女人更易赢得别人的青睐。

俗话说："没有丑女人，只有懒女人。"美丽是靠女人花工夫打扮出来的。刘嘉玲曾说："美丽是用一生去经营的！"在韩国，女人不化妆不出门，不化妆是对别人的不礼貌。

经营美丽对于女人而言是一场考验。T台上，模特们那曼妙的身姿、轻盈的猫步，怎能让人轻易忘记？

国际顶尖模特对自己的饮食特别注意，保持苗条迷人的身材不是一件容易的事。美国著名的"约翰·罗伯特动力"国际模特学校推荐的食谱每天保证食物总热量为1200千卡，深受广大名模的欢迎。该"名模食谱"的要点如下：

细嚼慢咽：徐徐吞下食物的进食方法容易让胃较快产生饱的感觉，不会导致一次进食过量。

大量饮水：每次就餐前喝一大杯水，有助于压抑过旺的食欲。

不饿不食：不饿时不吃东西，有饱感时马上停止进食。

用小碗盘装食物：一次取用的食物量不致过多。

少吃盐：盐分令体内细胞的水分滞留过久。

减少摄入的热量：若每天平均减少摄入50千卡热量，一年就能减少18250千卡，相当于减少15.9公斤肉。

节食只限一餐：放宽心情，好好享受每份食物，让节食合理有度。

美丽＝坚持。美丽，其实掌握在自己手里。所谓勤能补"拙"，每天勤快一点，坚持一点，就会美丽多一点。

只要每天睡前花十分钟，想想明天早上穿什么出门、配哪条丝巾、戴哪件首饰，你就一定不会邋遢着上班，穿着不配套的衣服和鞋子，等着女同事挑剔的眼光来责怪。

只要每晚上花十分钟，认真地洗脸，负责任地为自己的皮肤选一款最合适的面霜，最好再做个面膜，为皮肤做个简单的护理和保养，持之以恒，你的皮肤永远都可以比你的实际年龄年轻十岁。

做个美丽的女人，并非一件很困难的事。只要对自己的脸和身体勤快一点点，你就真的可以更美丽！

## 2. 悦耳动听，声音是穿越灵魂的旋律

许多女孩都认为，女人吸引别人主要由形象和性情这两方面决定。但她们却忽视了另一点：声音。

声音，对人而言，一直有着奇妙又神奇的力量，尤其对女人而言，是裸露的灵魂。很多人都有这样的经历，就算已不记得一个女人的相貌了，但她的声音却仍萦绕耳边，记忆犹新。

心理学家认为，声音决定了你38%的第一印象。当人们看不到你时，音质、音调、语速的变化和表达能力占有你说话可信度的85%。声音是女人自然天成的乐器，是穿越男人灵魂的旋律，美与不美，就看你如何把握和驾驭。

生活中，女人的声音有时比思想更重要。声音好听的女人，

很容易被周围人接受，即使她很幼稚，别人也会说她纯洁。相反，如果女人声音难听，尽管很有头脑，也难令人有好感。当然，声音难听又没头脑的女人，人们就会说她是傻大姐。

甚至男女相爱有的就起源于声音，声音决定爱的吸引与和谐。女人温顺的声音能征服男人，越有阳刚气的男人越能被温顺的女声所吸引。

林锋是一位在外企市场工作的男士，他与女朋友是通过朋友介绍的，见面前通了好几次电话。电话中，女孩沉静的思想和温柔的声音给他留下了美好的印象。见面后，他坦率地对朋友说："女孩的形象比我想象中的要差一些，我有些犹豫，但她一开口，她的声音却能迷住我。"他的朋友说，林锋由于自身条件比较好，不少女孩看上他，想不到，他最后却被一个女孩迷人的声音所吸引。通过几个月的交往，他们已亲密无间了。

可见，女人动听的声音能对男人产生多大的吸引力了。其实，一些相同内容的话，从不同的口中发出来，由于音调和说话方式不同，也会产生不同的效果。比如同为保险推销员的芳芳和雅兰：

芳芳说话时，语气柔和、语调舒缓，犹如温暖的春风徐徐吹过。和她交谈过的人，都感到非常亲切，立马对她产生信赖。而雅兰说话天生高音，且语速非常快，像一部高速运转的机器发出的尖锐"咔咔"声。和她交谈过的人，都这样评价她："雅兰说话一点也不像她名字听上去那么舒服，声音尖锐，语速又快，总觉得有些轻浮矫情，似乎不怎么可靠……"当然，两人的工作业绩就有了很大差距。没想到，音调高低与谈话方式的不同给人的印象竟如此迥然。

悦耳动听的声音就像女人美丽的外貌一样让人神清气爽。例如：在社交场合中，一位举止仪态非常良好的女性，说话的声音也婉转动听、富有感染力，你一定觉得她气质非凡。所以，聪明女人在与人交往的过程中，除注意自己的衣着打扮外，还会关注自己的声音是否动听。

马青远是一家颇有实力的经贸公司的经理，每天都有许多人打电话与他洽谈合作事宜。而最近他却出人意料地与一家名不见经传的小企业签了一份为数不小的订单。

马青远说："这还真得归功于那位打电话过来的女业务员。其实她也没什么过人的口才，只是客观地介绍他们的企业和产品。她的声音低沉有力，语调里传达出语言所无法表达的诚恳、热情和自信，我不由自主地选择了信任她。通了几次电话后，我又亲自去实地考察了一番，最终达成了协议。通过这件事我得出一个结论：动听的声音在愉悦听觉的同时，也为说话的人增添了几分吸引力。"

是的，声音是一项非常重要的沟通工具，它能清楚地表明你是谁，并且决定了外界如何倾听你、看待你。许多经理人，既有着前进的能力也有着前进的动力，但却因一个普通的"说话"问题阻碍了自己的成功之路。

一位执行董事因其单调、乏味的说话方式，令自己的领导效率大打折扣；一位高级经理人因为声音粗哑而与晋升失之交臂；一位广告经理人因说话软绵绵且不清楚，使原本极具震撼力的创意陈述变得平淡无奇；一位销售经理人因为说话像开机关枪一样，让客户觉得难受且无法信任；一位国际顾问因为说话带着浓重的外国口音，令人们很难听懂他在说些什么。

不论你喜欢与否，外界对一个人的判断，并不是看他的学识或行为如何，也不是看他讲话内容的好坏，而是根据他讲话的方式。

一项来自加州大学洛杉矶分校的调查显示，在决定第一印象的各种因素中，视觉印象（即外貌）占55%，声音印象（即讲话方式）占38%，而语言印象（即讲话内容）仅占微不足道的7%！如果是电话交谈，由于不存在外貌因素的影响，声音更是占到83%的比重。

几年前，一个针对"最不受欢迎的声音"的调查中，1000名男女受访者被问及"哪种讨厌或烦人的声音让你觉得最不舒服"。结果，带有哀叹、抱怨和挑剔的口气的声音高居榜首。榜上有名的还有：尖锐的声音、刺耳的摩擦声、嘟嘟囔囔的声音、放机关枪似的声音、娘娘腔、单调乏味的声音以及浓重的口音。

如何使用自己的声音，可以让倾听者对你留下完全不同的印象，可能是果断、自信、可靠、讨人喜欢，又或是不可信、软弱、讨厌、无趣、粗鲁甚至不诚实。事实上，糟糕的声音会轻易毁掉一个人的职业生涯和人际关系网络。那些过分重视礼仪、穿着和外表的人，往往不约而同地忽视声音在自己给他人留下的印象中所起的重要作用。

你的声音听起来怎么样？找出其中自认为比较好的一两个方面，再找出一到两个需要改进的地方。

好消息是，你可以改变自己说话的方式。因为，即使你已习惯用一种固定的方式说话，也不意味着你就摆脱不了你现在的声音了。一些简单的声音和演讲训练可极大地改变你给别人留下的印象。

比方说，如果你讲话时鼻音很重，那么你可以多尝试用喉音说话。

如果你的问题在于语速过快，那就不仅是讲话的问题了，还可能减少别人对你的信任。你试图减慢语速，却发现不出几秒钟，又回到原来的速度上。这确实令人沮丧。原因在于，没人能告诉你如何把语速降下来。紧张的人或脑袋转得比嘴巴还快的人，尤其容易犯这个毛病。他们总想一口气说太多话。

控制语速的关键在于，要学会在说话时偶尔停顿一下。呼吸的停顿，实际上是为你的思考加上 "逗号"。它会帮你将思绪分解成更小、更易控制的单元，从而调节语速。而且，停顿还便于听众有更多时间来消化你之前所说的话。

如果你的问题是吞音或漏词呢？你也知道口齿不清会让听者不知所云。然而，问题远不止于此。声音含混，会显得你拙于言辞、缺乏修养、懒散且粗心大意，这显然不是你希望留给别人的印象。漫不经心的谈话往往反映出你没经过认真的思考或让人觉得你在试图隐瞒些什么。

那如何解决呢？对新手来说，首先检查自己的语速。语速一快，就会造成吞音或漏词。不过，有些人即使说话很快也依然字正腔圆。因此，发音清晰的关键是了解自身语速的极限，你应用自己力所能及的语速说话。

这里有个简单的方法，你可以试一下。

你应该看过纤夫拉纤吧，他们在每一次用力，每一次前进一步的时候，嘴里会不自主的发出声音，类似于"嘿—呵—嘿—呵—嘿—呵—嘿—呵—嘿—呵……"你可以每天练习发这样简单的两个音，注意要连贯，气息要均匀，位置要沉、要低，音调尽量用你自己音域里最低的音，在练习的时候如果你发现每次发声的时候你的胃腹部也在跟着用劲，一下一下地振动，而且若是在一个空间里能产生比较大的回声，那么就是找对方法和位置了。每天这样至少练习20分钟，渐渐你会发现这样的声音会产生比较强烈的共鸣，这样可以找到每个人都有的"黄金发声区"。这个区域每个人都有，只是很少人找到它，利用它，发展它。我们一般人平时说话基本上都用喉音，而不须太多的共鸣，而那些比如舞台上的话剧演员他们都是经过多年的练功，发声，他们的说话习惯已经和一般人不太一样了，声音往往传得都特别远，有深度，有空间感，渗透力更强。只要找到这个"黄金发声区"，在这个区域里每个人的音色都会比较动人，因为这里的气沉，稳，发展空间大，不尖，不漂，杂质少，干净利落，音色淳。如果你能找到你自己的"黄金发声区"，我想就应该可以改变你的现状了。

## 3. 幽默女人，是带有露珠的花

幽默是真正的生活智慧，是经历过生活的坎坷和挫折，仍能保持一份达观、自信、绝不言弃的生活态度；是经过大富大贵后依然平和的人生心态。女人在经营外在美丽的同时，别忘了经营一份流动荡漾的幽默。在平淡朴实的生活里，多一份妩媚给自己，多一份鲜活给别人，多一份别样心境给自己，多一份别样风情给生活。

幽默是学问，是知识，它更是智慧灵动的闪现：是带有露珠的花，生动鲜活；是蒙蒙细雨的天，诗意盎然。

幽默的女人是积极乐观的化身，幽默能乐观一切，笑看人生。幽默丰富着女人，女子因幽默而灿烂如霞，无论是芳香四溢的青春旋律，还是成熟沉稳的中年畅想，或是夕阳下那把暮色摇椅，你都会因幽默洒下一路欢歌，凝固一路阳光心境，奔腾一路跳跃的音符。于是，你快乐着别人，也快乐着自己。

有一个刚毕业的女大学生，求职经历很是不顺。一次，她求职一家公司的文秘职位，在网上把简历发出去后，对方很快将未能录用她的通知用电子邮件发给了她。可能系统出现了错误，对方接连发了两封E-mail过来。于是她就幽默了一把，没想到幽默还能带来好运。她这样回信说："既然您对没有录用我表示如此的遗憾和内疚，那为什么不能给我一次面试的机会呢？"她万万

　　没想到，由于自己幽默的回信，对方给了她一个更好职位的面试机会，并且她顺利通过了。

　　在后来与外国经理的相处过程中，她也总能抓住机会幽默一下，使得本来尴尬的气氛变得缓和，而且结局永远是快乐的。

　　有一次，外国经理不小心把一杯可乐打翻在了办公室的地毯上，他很不好意思地对女孩说："一会儿蟑螂部队肯定会大规模地袭击我的办公室。"这个女孩想了想，微笑地看着经理："绝对不会，因为中国的蟑螂只喜欢吃中餐。"经理听后放声大笑，接下来的日子里，她得到了这位经理的器重，工作非常顺利。

　　有人说，女人如果只有外表的鲜艳，让人感觉那只是个空壳。只有具有幽默感的女人才能形神具备，因为她们知道用自己的方式来调节大家的心情，彰显自己的可爱之处。

　　俄国文学家契诃夫说过："不懂得开玩笑的人，是没有希望的人。"

　　一位年轻女教师和同学们一起在校园的路上聊天，一个男生可能因谈话太过于激动，不小心踩到了女老师的脚，他脸涨得通红："对不起啊，老师，踩到您脚了。"老师却风趣地回答："是我把脚放错地方了。"

　　这样的女人，这样的老师，能不被学生喜爱？
　　幽默还可以使女人在交际场上感染别人，同时激起高昂的情趣，缓解沉默紧张的气氛。

在一场公益性组织举办的舞会上，一位刚走入社会的男青年邀请了一位看上去清高傲慢的小姐共舞。跳舞时，男青年紧张地问小姐："您怎会答应和可怜的我跳舞呢？"女孩听后笑了，她一语双关地说："这是一个慈善舞会，难道不是吗？"幽默的回答使男孩子的尴尬顿无，那天，两人跳得很是尽兴，而且建立了良好的友谊。

马克思曾经说过："幽默是具有智慧、教养和道德的优越感的表现。"就是这样一种表现，这样一种力量，可以变陌生为熟悉，变坎坷为坦途，变拒绝为接纳。一个女人，如果不懂幽默，就如同绿叶缺少红花一般没有情趣。而一个具有幽默感的女人，是智慧的，是美丽的，是善解人意的。

幽默是上天赐予每个人的法宝，只是有的人总也找不到使用的正确方法，让这件法宝变得一无是处，但聪明的女人知道如何运用这一法宝。温柔、妩媚、善交际、有智慧，但如果少了幽默，也就少了一份魅力，一份吸引别人注意自己的机会。幽默的女人充满智慧且受人欢迎，她们可以化解许多人际间的尴尬和冲突，给人带来欢乐，甚至可以化腐朽为神奇。

幽默的女人是自信的，一个女人如果能把自己的劣势当作一种玩笑来和朋友分享，那么她肯定已找到身上的闪光之处，或许在她看来，自己身上的劣势就是她的独特之处。

幽默的女人是可爱的，她总能让平静的湖水泛起点点涟漪，使平静的生活平添几分韵致，就如同一望无际的天空掠过几只飞燕，霎时给生命添上一些灵动的色彩。

幽默的女人是真实的，是优雅的，是聪明的。一个自信、乐观、智慧、可爱、真实、优雅、聪明的女人难道还不足以引起所有人的目光，让人们喜欢和珍惜吗？

## 4. 尊重他人，是魅力女性的第一课

魅力女性在人际交往中，一定要把握好这种潜在的心理，尊重别人，才能赢得别人的尊重。

大女人洪晃，一个出身名门的性情中人，做事情绪化，曾毫不犹豫地辞去年薪18万美金的职位，并在陈凯歌大红大紫时提出与其离婚。但这样的她却曾说过："在你不尊重别人的时候，你不可能尊重自己。"潜台词"随时随地尊重别人和自己"，她强调了尊重，并且把"别人"放在了前面。

在美国，流传着这样一个真实故事。

一天下午，一位穿得很时髦的中年女人带着一个小男孩走进美国著名企业"亚联集团"总部大厦楼下的花园，他们坐在一张长椅上，女人不停地在跟男孩说着什么，一脸生气的样子。不远处有一位白发苍苍的老人正在打扫垃圾。

终于，小男孩忍受不了女人的大声责骂，他伤心地哭起来。

女人从随身挎包里揪出一团白花花的卫生纸，为男孩擦干眼泪后随手把纸丢在地上。老人瞅了中年女人一眼，她也满不在乎地看了老人一眼，老人什么话也没有说，走过来捡起那团纸扔进一旁的垃圾桶内。

女人仍不停地责骂，男孩一直都没停止哭泣。过了一会儿，女人又把擦眼泪的纸巾扔在地上。老人再次走过来把那团纸捡走，然后回到原处继续工作。老人刚刚弯下腰准备清扫时，女人又丢下了第三团卫生纸……就这样，女人扔了六七团纸，老人也不厌其烦地捡了六七次。女人突然指着老人对小男孩说："你都看见了吧！如果你现在不好好上学，将来就会跟他一样没出息，做这些既卑贱又肮脏的工作。"

老人依旧没有动怒，他平静地对中年女人说："夫人，这个花园是亚联集团的私家花园，按规定只有集团员工才能进来。"女人理直气壮道："那是当然，我是'亚联集团'所属一家公司的部门经理，就在这座大厦里上班！"她边说边拿出一张名片丢在老人身上。老人从地上捡起名片，扔进了垃圾桶后从口袋里掏出手机拨了一个电话。女人十分生气，正要理论时，发现一名男子匆匆走来，恭恭敬敬地站在老人面前。老人对男子说："我现在提议免去这位女士在'亚联集团'的职务！""是，我立刻按您的指示去办！"那人连声应道。老人说完后径直朝小男孩走去，温和地对他说："人不光要懂得好好学习，更重要的是要懂得尊重每个人。"

中年女人由生气变成了惊诧，她认识面前的男子——亚联集团所有分公司的总监。

"你……怎么会对一个清洁工毕恭毕敬呢？"

**"他不是什么清洁工，而是亚联集团的总裁。"**

赛涅卡曾说："若想获得别人喜爱，就得先去喜爱别人。"的确，当我们先释放"喜欢对方"的良性讯息时，对方也会"投桃报李"地响应；当我们真诚对待对方时，对方必将"眼睛为之一亮"，进而"心受感动"地善意响应。"自尊"是人们的基本需求，每个人都希望"被人尊重"、"被人肯定"！

心理学家弗洛姆说："尊重生命、尊重他人也尊重自己的生命，是生命进程中的伴随物，也是心理健康的一个条件。"

现实生活中，一些人不注意尊重别人，主要表现：一是居高临下。有人总以"领导"、"老师"自居，居高临下教训人。似乎领导、老师就掌握着真理、总是对的。与部属、学生谈话，动辄要你注意一、二、三、四……我讲你听，盛气凌人。二是言行不一。理论认知与实际践行不一致，讲道理时比谁都讲得好听，做起来却大打折扣，人前人后两副面孔，表态与心态不一致，会上讲真理，会下讲歪理。三是不讲感情。晓之以理头头是道，动之以情却做不到，对人对事干巴巴、冷冰冰，原则来原则去，不讲情感，不顾客观效果，不会以人为本。

心理学家认为每个人的身上都带着"看不见的讯号"！什么讯号呢？就是"让我感觉自己很重要！"我们一直都希望别人"看重我们"，不要"视我们为无物"。同样地，其实对方也带着那"看不见的讯号"——我们也要让他感觉自己很重要！

## 5. 亲和女人，交往中多点人情味

如何让人喜欢、乐于与你接近，这是一门学问，善于把握的女人能依此打造关系、拓展人脉，遍地是朋友；不善于把握的女人只会让人远离、遭人厌弃，而这其中的关键是要有人情味。

每个女人都有自己的关系圈，要想拓宽自己的交际圈，就必须要有人情味，要想办事成功，更需要人情味。生活中有很多女人是"有事有人，没事没人"。把朋友当作拐杖，用时紧握手里，不用就扔在一边，属于典型的功利主义，这样的女人很难交到朋友，就算交到朋友也很难长久。

小月有位朋友，在一起多年。然而这位朋友有个很大的毛病——过于功利，任何人和她要好的时间都很难超过半年，小月算非常例外的了。

然而即使对小月，这位朋友也缺乏应有的情谊，需要帮忙时直接来找小月。事情一过又成了陌生人，见面都装作没看见，若是有事请她帮忙更是难上加难。偶尔为小月办点事，就以此为资本，要小月干这干那。天长日久，小月感觉自己根本不像她的朋友，更多是被利用，遂与其断绝了关系。

生活中这样的情形并不少见，结果也都差不多。与此相反，一个充满人情味的人会结交很多朋友、得到别人的爱戴和欢迎，有困难的时也有许多人来帮他。

　　有位农场主养了不少牛羊，一次在放牧时，不小心让一头牛钻进了山谷，吃了一块禾苗。禾苗是一位农夫种的，是农夫家里主要的生活来源，农夫非常生气，就把牛杀了。

　　农场主发现牛丢了，几经打听得知此事。知道牛被杀后火冒三丈，决定找农夫理论，要求赔偿自己的牛。

　　农场主带着一个仆人上路了，不巧半路上起了暴风雪，主仆二人差点被冻僵。当他们到达农夫家门口时，出来迎接他们的是农夫的妻子，农夫外出还没回来。

　　农夫的妻子热情地招待主仆二人进屋烤火。农场主进屋后，发现农夫家里极其贫困，几乎一无所有，农夫的妻子消瘦憔悴，孩子个个挨饿。于是他默默地烤火，没提牛的事，想等农夫回来再说。

　　不一会儿，农夫回来了。妻子告诉他，他们主仆二人冒着大风雪前来。农夫上前紧紧握着农场主的手，把他拉到暖炉旁烤火。他的热情举动使原本想说明来意的农场主又沉默了。农夫盛情挽留他们吃晚饭："家里生活贫寒，没什么好吃的东西，还请两位原谅。"

　　看得出来，农夫对客人极为欢迎，虽家境贫寒，但还是拿出最好的东西招待了农场主。农夫的盛情令主仆二人难以拒绝。自始至终，仆人一直在等待主人开口为杀牛的事讨个说法，可农场主只跟这家人说说笑笑，"正事"却只字未提，这让仆人十分不解。晚饭后，天气仍未好转，农夫和妻子再三挽留主仆二人在家过夜。于是两人又在农夫家里度过了一晚。

第二天早上, 农夫的妻子为两人准备了早餐, 主仆俩吃饱后上路了。路上, 仆人奇怪主人对此行来意闭口不提, 农场主却若有所思, 没吭声, 在仆人再三追问下, 才道: "我本想进门就狠狠地教训一下那农夫, 可后来我决定放弃了。你知道吗? 其实, 我们并未损失什么, 我虽丢了一头牛, 可却得到了世间难得的真情, 我并没吃亏。世上很多东西能轻易买到, 可人情却千金难求。"

一年后, 农场主放养牛羊的山谷里起了大火, 但奇怪的是牛羊却被人赶进了河谷, 毫无损失。原来农夫了解到自己杀的牛是农场主的, 感觉非常过意不去。而农场主的牧场失火时, 他恰好距离不远, 虽已不能扑灭大火, 可他奋不顾身地把牛羊赶到了河谷, 使得农场主避免了更大的损失。

人贵在有情, 就如同那位农场主, 虽然农夫做事略显鲁莽, 但是他在看到对方窘迫的家庭状况以后, 并没有去跟农夫就杀牛的问题进行理论。结果后来在农夫的帮助下, 让自己避免了更大的损失。

在人际交往中, 过于功利只会把自己陷入一个孤独的尴尬境地, 多为别人考虑, 多一点人情味, 聪明的女人会在别人遇到困难的时候支援一下, 在对方理亏的时候适当退让, 看似吃亏, 其实收获的可能更多。

## 6. 从你的字典里删除"嫉妒"这个词

作为女人，可以羡慕但不可嫉妒。羡慕是看到别人拥有的，希望自己也拥有，是一种积极向上的精神；而嫉妒则是对比自己好的人心怀憎恨。一个多么聪明的女人，如果染上"嫉妒"的病毒，其所作所为容易失去理智。女人的字典里绝不能有"嫉妒"两字。

嫉妒之心人人都有，它像一束火苗时不时从心底窜出。如果不懂得如何压制和平息而任其燎原，就有可能变成一把火，原本想把别人点燃却反倒灼伤了自己。

嫉妒心是影响女人快乐的心理缺陷之一。多数情况下，由于嫉妒心的作用，在做事过程中往往会弄得人我两伤。所以文学家们都用"妖魔"或"病蛊"来形容它，莎士比亚就曾把嫉妒比作"绿眼的妖魔"。

曾一直以为自己幸福快乐的燕子感觉自己不再快乐，原因是她碰到了一个比她更幸福的人。

燕子大学毕业后顺利地考上了公务员，不久与在机关单位工作的同事结了婚。一对小夫妻，让人羡慕不已。

可一天逛街时，燕子看见了大学同学林子。林子在学校时跟她算是好朋友，两人条件差不多，成绩也差不多，毕业后渐渐失去了联系。这次，燕子看到的林子已不是以前的林子了，她开着自己的宝马车，戴着墨镜，很神气的样子。

看着红光满面的林子神采飞扬地驱车远去，本来自我感觉良好的燕子，心里突然感觉酸酸的。

后来一次无意中，她又碰到了林子。她们在购物中心，林子正试穿一件裘皮大衣。那件衣服典雅大方，无论工艺、材质，还是品牌、价格，都是燕子可望而不可即的。"给我包起来，刚刚试过的衣服我都要了！"燕子进去打招呼时，林子正对营业员这样说。

那些衣服的价钱，足够燕子半年的工资了。而林子只是随意试试就都买了下来。

林子的举动深深地打击了燕子。林子邀燕子到自己家中玩，燕子没去，她觉得自己在林子面前，有种灰溜溜的感觉。

回家后，她越想越不是滋味。本来大家都在同一起跑线上，现在却有着天壤之别，她心中的那份失落就别提了。沮丧、烦恼、失落突然间占据了燕子的心。

接下来的日子里，燕子的眼前总有林子的影子。她也不知道自己为什么突然对林子的事特别感兴趣。终于，她发现了一条令自己很得意的线索：林子以前被一个结了婚的香港富人包养，后来又与富人的妻子大打出手，不得不结束了包养关系。现在做生意的资本来自那时的包养费。

只要见到大学的同学，燕子都会很有兴趣地把自己对林子的分析讲给同学们听，甚至恶语中伤："她有什么可神气的，不就是把自己卖了，挣了点儿钱吗？"

一时间，关于林子的流言在同学们嘴里传开了，而燕子竟感觉心里得到了些许的平衡。

或许你也有过这样的感觉——别人的成功、幸福、春风得意，让你突然感到很失落，即使你表面平静，但内心同样波涛汹涌，感觉被一种无形的东西摧毁了。这就是你内心悄悄滋生的妒忌之情。生活中，我们与别人总有差别，有差别自然有比较，有比较难免有嫉妒心。

有个人遇见了上帝，上帝说："现在我可以满足你一个愿望，但有个前提，就是你的邻居会得到双份的报酬。"

那人的脸马上沉了下来。他心想：如果我得到一份田产，邻居就会得到两份；如果我要一箱金子，邻居就会得到两箱；如果我要一个漂亮女人做妻子，那穷光蛋就会得到两个……想来想去，他觉得不值得。为什么自己遇到了上帝，却便宜了邻居？他实在不甘心让邻居占便宜。最后，他一咬牙，对上帝说："您挖我一只眼珠吧！"

可以想象，这人被挖掉一只眼珠，他的邻居将相应地被挖掉两只。因不想便宜邻居，他宁愿失去一只的眼睛。他不愿跟邻居一起高兴，却愿跟邻居一起痛苦。

细细想来，嫉妒能让我们得到什么？打击那些比我们成功的人，我们就能获得成功吗？中伤那些比我们幸福的人，我们就能获得幸福吗？

如果我们摆正心态，那么，结果正好相反：对于不如己者的成功，我们不必嫉妒，因为他们徒有虚名；对于胜于己者的成功，我们不该嫉妒，因为他确有实力。

在人类的心理中，没有比嫉妒更奇怪的情绪了。一方面，它极其普遍，几乎是人所共有的一种本能。另一方面，它又似乎极不光彩，人人都把它当作一桩不可告人的罪行隐藏起来。结果，它转入潜意识中，犹如一团暗火灼烫着嫉妒者的心。这种酷烈的折磨可以使他发疯、犯罪乃至杀人。

说到底，嫉妒源于不自信的心。这个世界上，很多人生活得比你好、比你富有，但每个人都有自己的幸福，你也有他人没有的快乐。与其嫉妒别人，不如享受自己的幸福，做好自己的事！

女人要放开自己的心胸，要知道"山外青山楼外楼，还有雄关在前头"，比你强的人很多，光嫉妒一两个人有什么用？关键在于发奋努力、迎头赶上。同时，要敢于正视别人的优点和长处，对于在某些方面超过自己的人要心悦诚服。

嫉妒别人除给别人的生活带来困扰外，也会给自己制造不快，带来伤害。这种损人不利己的事，何必为之？不如将嫉妒之心化为动力，赶超他人、积蓄精力、以时间和智慧去追求、实现自己的更高目标。

# 第四章

## 人淡如菊，女人味是一种"雅味"

　　一种淡雅、一种淡定、一种对生活对人生静静追寻的从容。有独立的人格、独立的经济支撑、独立的思想境界。女人的雅味是这样的：妆是淡妆、话很恰当、笑能可掬、爱却执着，无论什么场合，她都能好好地"烹饪"自己，让自己秀色可餐。

# 1. 不活在他人的价值观里

人活在世上，追求的应是自我价值的实现，不是为他人而活。如果你追求的幸福处处参照他人的模式，那你的一生将会悲惨地活在他人的价值观里。

生活中的我们很在意自己在别人眼里究竟是怎样的形象，因此，为给他人留下一个好印象，我们总事事都争取做得最好，时时显得比别人高明。在这种心理的驱使下，人们往往把自己推到一个永不停歇的痛苦的人生轨道上。

事实上，人活在世上，并非要压倒他人，也不是为他人而活。人所追求的，应是自我价值的实现以及对自我的珍惜。值得注意的是，一个人是否实现自我价值，并不在于你比他人优秀多少，而在于精神上能否得到幸福的满足。

王珍珍喜欢弹钢琴，每天都会弹一段时间，尽管她水平一般。一天下午，王珍珍正弹钢琴时，七岁的儿子走来："妈，你弹得实在一般。"

孩子说的是事实——任何认真学琴的人听到她的演奏都会摇摇头，不过王珍珍并不在乎。多年来她一直这样很一般地弹，而且弹得很高兴。

同时，王珍珍也喜欢很一般地歌唱和绘画。从前还自得其乐于很一般的缝纫，做久后竟拥有一手好缝纫技术。其实，任何人能有一两样做得不错就够了。

一位朋友对王珍珍说，"让我来教你用卷线织法和立体织法来织一件别致的开襟毛衣，织出十二只小鹿在襟前跳跃的图案。我给女儿织过这样一件。毛线是我自己染的。"

王珍珍心想，为什么要找这么多麻烦？做这事不过是为使自己感到快乐，并不是取悦别人。

从王珍珍的经历中我们不难看出，获得幸福的最有效的方式就是不为别人而活，不刻意苛求每个人认可自己。

女人天性善良，所以往往压抑自我以取悦他人，生活亦步亦趋，但最终受伤害的还是自己。

有这样一则故事：

一只鹤想给自己的白裙上绣一朵花，以显出自己的妩媚动人。刚绣了几针，孔雀探过来问："鹤妹，你绣的什么花？"

"是桃花，这样能显出我的娇媚。"

"为什么要绣桃花？桃花是易落的花，不吉祥，绣朵月月红吧，大方又吉利！"

鹤觉得孔雀姐姐言之有理，便把绣好的金线拆了，改绣月月红。正绣得入神时，只听锦鸡在耳边道："鹤姐，月月红花瓣太少了，显得单调，不如绣朵大牡丹，雍容华贵！"

鹤觉得锦鸡妹说得也不错，便又把绣好的月月红拆了，重新绣起牡丹来。

绣了一半，画眉飞来惊道："鹤嫂，你爱在水塘里栖歇，应绣荷花才是，为何要绣牡丹呢？这跟你的习性太不协调了，荷花清淡素雅，出淤泥而不染，亭亭玉立多美呀！"

鹤听了，觉得也是，便把牡丹拆了改绣荷花……

每当鹤快绣好一朵花时，总有人提出不同的建议。她绣了拆，拆了绣，直到现在，白裙上还没绣出任何的花朵。

生活中，总有人以"过来人"的姿态提出意见。但其实每个人的经验各不相同，适于甲不见得适于乙，你要懂得过滤他人之言。有时候，别人自有一套做事的办法，因此，他们的意见可能会有偏差。

聪明的女人，要与反对者保持适当的距离。因为，总有一些人会说你的计划无法实现、说你会破产、你会受苦或说你将后悔做这个决定。

聪明的女人，要培养健全的自我意识，学习取舍别人的意见，相信自己能辨别、挑战和更替那些束缚和限制自我发展的思想。即使得不到别人的认可，也不必沮丧，驻足聆听自己的心声，做出相应的决定就好。

## 2. 接纳不完美的自己

你可有过这样的感受？清晨你站在镜前，仔细端详自己的脸庞，一会儿觉得自己的眼睛小了点，一会儿又觉得鼻子不够挺拔……脸上的毛孔太过粗大，甚至还长了几颗小痘痘，你觉得自己的脸庞不够小巧、嘴唇不够性感、身材不够迷人……于是你开始抱怨，抱怨父母为什么没把你生成美人儿，对自己的不满意使你感到有些沮丧。新的一天以此为开端，你又怎能快乐得起来？

人之所以感到不开心，关键的原因之一是他们并不喜欢自己。这种不喜欢通常是在和别人的比较中进行的。自己长了张圆脸，偏偏想要瓜子脸；自己的身材丰满，偏偏想要苗条的身段；自己长了张小嘴，却偏偏喜欢朱莉亚·罗伯茨那样性感的大嘴巴……在这样的比较中，又怎么可能获取满足？

容貌与生俱来，从呱呱坠地便成定局。接受这人生的第一个定数，是你快乐的首要根基。接受并喜爱自己的容貌，这对相貌俊美之人并非难事。但对于姿色中等却又对自身要求严苛的人，便是需要攻克的一道心理障碍。

首先，要冲破电影、电视和时尚杂志施加给你的无形压力和错误的引导。

化妆师的技艺、灯光师的技巧、摄影师的捕捉、后期的电脑技术，是你所看到的很多"美好"的幕后制造者。而女明星、女模特为拍出最好的效果，甚至在拍照前的两三天就不进主食了，只吃一些流质食物或水果。《泰坦尼克号》女主角的扮演者凯特·温斯莱特就说过："我们的头发经过专业发型师长达两个多小时的细心打理，我们必须一直屏气收腹，并且使头保持在某个高度和角度上，这样一来，我们下巴上的赘肉和皱纹就不易显露出来了。"

可怜的年轻女孩们通过电视屏幕看到了她们，购买有她们照片的杂志，心里想着："和她们比起来自己真是糟透了，我真想看起来和她们一样。"其实像她们一样又有何难，找一个那样的团队打造一下，你也可以成为那个样子。

其次，你要学会对自己宽容，把视线放在自己的优点上，以此建立你的自信。一个自信的不那么美的女人也一样可以活得潇洒快乐。

每一个女人都可通过化妆、穿衣、发型等方式把自己打扮得更有气质。世上本就没有十全十美的人，每个人在外貌上都有独特的气质和优点，只要学会将自己的优势凸显出来，就会成为独特的亮点，自然有一份独特的吸引力。一个聪明的女人应懂得欣赏自己，接受自己的容貌，停止将自己的外貌与别人比较。

大家可能都知道著名模特吕燕，按中国人传统的审美观点，毫无疑问她是个丑女：小眼睛、柳叶眉、大颧骨、塌鼻梁、厚嘴唇、满脸雀斑，一米七八的身材，微驼背。然而，这个在山沟长大的女孩，现已是国际名模，定居纽约，一年要在巴黎、米兰、伦敦等各大时尚之都进出好几次，走不尽的T台，上完一个又一个的杂志封面，还有各式各样的产品代言。曾经的吕燕，对自己的容貌也相当不自信。一次偶然的机会，著名形象设计师李东田和冯海发现她长得虽不美但很有特点，于是为她拍了一组照片，从此一发不可收拾。2000年世界超模大赛爆出大冷门，在人们眼里绝无获奖可能的"丑女"吕燕荣登亚军宝座。而在这之前，中国模特在这一大赛上的最好名次是第四名。

东方人眼中的"丑女"，在国际顶尖设计师的眼中却惊艳无比。独具慧眼发掘吕燕的中国顶尖时尚造型师李东田说："我第一眼看见她，就有震撼的感觉，她的面孔很少见，特别国际化，不同凡响，尤其她身上透出那种同龄女孩少有的自信和坚忍，让人一看就知道这是个supermodel（超级名模）的料。"

　　这个世界就是这样，没有丑女人，只有自信不自信的女人，每个女人都有自己容貌上的特点，而这特点可能变成你的标志。世界上根本不存在任何完美的事，一个中等姿色的女人总羡慕别人的美貌而对自己过于挑剔，就无法获得快乐。其实，一个人眼中的丑女可能是另一个人眼中的美女，不自信的女人总对自己妄自菲薄，而一个自信的女人却真心地喜欢自己的容貌，并能快乐地和他人交往，从中获得幸福，你愿意做哪种女人呢？

# 3. 会爱自己，才会被人爱

　　梁晓声曾在文章中写道："倘若有轮回，我愿自己来世为女人。我不祈祷自己花容月貌，不敢做婵娟之梦；我想，我应该是寻常女人中的一个。那么，假如我是一个寻常的女人，我将一再地提醒和告诫自己——绝不用全部的心思去爱任何一个男人。用三分之一的心思就不算负情于他们了。另外三分之一的心思去爱世界和生活本身。用最后三分之一的心思爱自己。"

　　用三分之一的心思爱自己，这番话说得多么动容。可世间能做到这一点的女人，哪怕仅仅留四分之一的爱给自己的女人，也并不多见。尤其是在有了家和孩子后，女人大部分的心思都放在了身边丈夫和孩子身上，心甘情愿地付出，无怨无悔地奉献。

这份爱是伟大的，可却让女人的生命或多或少缺失了一点色彩。当岁月日复一日带走了那些美好的年华，再也寻不到任何蛛丝马迹时，看到斑白的两鬓，看到岁月在脸上刻下的痕迹，还有那些未曾实现却始终埋藏在心底的梦之花时，有几人可以毫不犹豫地说一句"我这一生了无遗憾"？

一位女作家在餐厅吃饭，遇到一对年轻的情侣。

女孩想喝酒，只见男孩白了她一眼，说她起哄，女孩乖乖地放下酒杯，不再说什么。女孩想吃辣，男孩说了一句"我不吃"，女孩就没再提，把菜单递给了男孩。

女作家看得出，女孩很在意身边的男孩，一会儿变身男孩的丫鬟，一会儿变身他的姐姐或母亲，言语中带着关心与体贴，同时还有一份依赖。男孩除了外表出众外，女作家没觉得他有什么特别吸引人的地方，至少在吃饭的那段时间里，他始终摆出一副高傲的表情，言语上丝毫不客气。

看到眼前这一幕，女作家不禁想起不久前刚离婚的一位女性朋友。当年，她对爱人倾心倾力，毫无保留地付出，甚至愿意为了他放弃自己最钟爱的职业，远离父母家乡跟随他去了别的城市。她的心里只有他，处处想的都是他，对自己的生活从未静心思索过。

就像电影里一贯演绎的情节那般，男人出息了却抛弃了她。

在他决意要离婚时，她还在穷追不舍地问为什么。他给出一句冰冷的话："不是你不好，而是你太好了，这份好让我觉得太压抑。"她明白，他觉得自己终日围着他转，厌烦了。

女作家为眼前的女孩感到担忧，她不知道，女孩未来的生活会怎样。可她心里隐隐地感觉到不安，她很想走向前告诉女孩："不要为任何一个男人忽略自己的存在，也不要在爱情的世界里迷失自己。唯有懂得自爱的女人，才会拥有他人的爱，才值得被人深爱。"

奥修曾说："石头吸引石头，花朵吸引花朵。如此一来，会有一种优雅的、美妙的、充满祝福的关系产生。如果你能得到这样的关系，那将升华为虔诚的祈祷，极致的喜乐，透过这样的爱，你将领悟到神性。"

爱自己，懂得爱惜自己，才会在任何时候都不伤害自己。爱惜自己，即使遇到情场失意、事业受阻带来的短暂低落，也不会因此而堕落放纵。爱惜自己，真正关注自己的健康状况，积极参与健身运动以保持自己良好的身材，不会吝惜花在保养容貌及身体上的金钱与时间。爱惜自己的女人，会拥有良好的生活习惯，不抽烟、饮酒、通宵达旦地宴饮狂欢来损害自己的身体。

若一个女人把爱自己理解为"自我放纵"，那就是大错特错了——这不叫爱自己，而是毁自己。暴饮暴食、烟酒过度、生活习惯不规律、完全不运动、不吸收新知识、懒惰等行为，都是在虐待身体、伤害自己。错误的放纵，实际上等于自我憎恨，这是害自己，跟自己过不去，更是对自己的不尊重。

真爱应是健康的，给人自由、愉悦，也唯有在自由、愉悦、享受的气氛下，爱才得以滋长。爱别人时应如此，对自己也一样。当我们能用这样的态度爱自己时，就能真正了解爱的意义，而且有能力去爱其他人。

爱自己的女人在精神上也是独立的，她的思想受自己支配，而不为别人盲目地改变自己。

有个女人爱上一个给她感觉极好的男人，这突如其来的幸福让她有些迷失自我，她想让自己的女朋友给些意见。她的女朋友认为，这么好的男人会遇到很多诱惑，将来很可能出轨。最后得出的结论是，这种男人没有安全感。于是她和这个男人分手了，但又一直痛苦。后来，男人与别的女孩结婚了。

爱自己，就要诚实地面对自己真实的感受和欲念，选择自己想要的，不曲意承欢，不委曲求全，不因为刻意讨好别人而压抑自己。

其实，爱自己是一种责任，就像爱家人和朋友一样。我们只有爱自己、珍惜自己，才会小心翼翼地保护自己内心的纯净，才能抵抗太多的诱惑和堕落。

一位国外知名女星说："我不怕自己变老，我获得的智慧和成长是上帝送给我最好的礼物；我不感叹青春的流逝，我只想让自己成为无论几岁都是这个年纪中最棒的女人！"爱自己的女人，懂得取悦自己的女人，无论走到生命哪段时光里，都是最好的状态。

无论是资质平平的普通女孩，还是天生丽质的漂亮女人，都请好好爱自己。这是属于你的权利，也是给自己创造幸福和快乐的能力。女人只有懂得爱自己、让自己幸福，才有资格让别人去爱、去尊重、去欣赏，才有能力给别人幸福。爱自己的女人，身上散发出来的正能量，会让每一个靠近她的人，感受到那种从内至外的自信与从容。

弗朗索瓦丝·萨冈曾说："总是有这样一段年纪，一个女人必须漂亮才能被爱；也总是会有这样一段时间，她得被人爱了才更美丽。"记得将这段话铭记于心，当你懂得精心地爱自己，就不会畏惧岁月这把无情的雕刻刀，而是在岁月中慢慢蜕变出美如珍珠的光华。

# 4. 控制情绪，做高情商女人

哲人说："上帝要毁灭一个人，必先使他疯狂。"因此我们必须学会控制自己，才能把握人生。

女人应学会通过提高"情绪智力"来维护和保持健康。情绪智力决定了女人了解自己、理解他人的能力，承受压抑、挫折以及应变能力。人是有感情的生物体，每个人都有情绪，而情绪与健康有着极其密切的联系，情绪的好坏直接影响自身的健康。情绪智力高的女性，能控制和管理好自己的情绪，可以从病态中康复，从亚健康变成健康，从健康变得更健康。

消极情绪对我们的健康十分有害，科学家发现，经常发怒和充满敌意的人很可能患有心脏病。哈佛大学曾对1600名心脏病患者进行了调查，结果显示他们中经常焦虑、抑郁和脾气暴躁者比普通人多3倍。

总有一些时候，我们在情绪的海洋里挣扎，不知道游向何处，常由于一时冲动而失去一份好心情、一份好工作和一段好感情，而当从情绪中挣扎出来时又追悔莫及。

有一天，拿破仑·希尔和办公大楼的管理员发生了误会。这场误会导致两人互相憎恨，甚至演变成激烈的敌对。

当管理员知道整栋大楼里只有拿破仑·希尔一个人在办公室中工作时，为显示自己对其的不悦，他马上把大楼的电灯全部关掉。这种情况一连发生了几次，终于，忍无可忍的拿破仑·希尔打算进行反击。

一个星期天，机会终于来了。拿破仑·希尔到书房里准备一篇预备在第二天晚上发表的演讲稿，当他刚在书桌前坐好时，电灯熄灭了。

他马上跳起来，奔向大楼地下室，他知道在哪能找到这位管理员。到达那儿时，他发现管理员正忙着把煤炭一铲一铲地送进锅炉内。同时一面吹着口哨，似乎没有任何事情发生。

拿破仑·希尔马上对他破口大骂。在长达5分钟的时间里，他以常人难以忍受的词句对管理员进行污辱谩骂。

最后，拿破仑·希尔实在想不出什么骂的词句了，只好放慢了速度。这时候，管理员站直身体，转过头来，脸上露出开朗的笑容，并用一种充满镇静的柔和声调说道：

"你今晚有点儿激动，不是吗?"

这句话如一把锐利的短剑，一下刺进拿破仑·希尔的身体。

站在拿破仑·希尔面前的管理员既不会写也不会读，是地地道道的文盲，然而就是这文盲却在这场战斗中打败了拿破仑·希尔，更何况这场战斗的场合以及武器都是拿破仑·希尔自己所挑选的。

拿破仑·希尔明白，他不仅被打败了，更可怕的是，自己是主动的而且是不对的一方，这一切只会加大他的羞辱感。

后来拿破仑·希尔转过身子，以最快的速度回到办公室。他再也没有心思做其他事情了。当拿破仑·希尔把这件事反省了一遍之后，他马上看出了自己的不对。

在意识到自己的错误后，拿破仑·希尔知道要使内心平静下来，办法只有一个——向管理员道歉。最后，他费了很长的时间才下定决心，到地下室去忍受必须忍受的羞辱。

拿破仑·希尔来到地下室后，把管理员叫到门边。

这时，管理员用平静温和的声调问："你这一次想要干什么？"

拿破仑·希尔告诉他："我是回来向你道歉的——倘若你愿意接受的话。"

管理员脸上又露出微笑："凭上帝的爱心，你不用向我道歉。除这四堵墙壁以及你和我外，再没其他人听见你刚才说的话。我不会把它说出去，我知道你也不会说出去，所以，我们干脆把此事忘了吧。"

这段话对拿破仑·希尔造成的触动更甚于第一次，因为他不但表示愿意原谅拿破仑·希尔，其实更愿意协助拿破仑·希尔隐瞒此事，不使它宣扬出去，以免对拿破仑·希尔造成伤害。

拿破仑·希尔向他走过去，抓住他的手使劲握了握。他明白，自己不仅是用手和他握手，更是用心和他握手。

走回办公室途中，拿破仑·希尔感到心情非常愉快，因为他终于鼓起勇气，改正自己做错的事。

这件事发生后，拿破仑·希尔下定决心，绝不再失去自制。因为倘若失去自制后，别人能毫不费力地将你打败。

在下定这个决心后，拿破仑·希尔的身体马上发生了巨大的变化。这件事成为他一生中最关键的转折点之一。

卡耐基曾说：学会控制自己的情绪，当苍蝇落在你的主球上时，不要理它，专心致志地击你的球！当你的主球飞速奔向既定目标时，那只苍蝇不用你赶自己就会飞走。相反，如果你跟自己的情绪斤斤计较，并不断地任由坏情绪控制自己的行动，那么，一时冲动可能会造成悔恨终生。

或许，你觉得控制自己的情绪非常困难，如同亚里士多德所言："任何人都会生气，这没什么难的，但要适时适所，以适当的方式对适当的对象恰如其分地生气，可就难上加难。"但我们必须做到，控制自己的情绪，是拥有女性魅力的首要条件。如果动不动就怒咆哮，那么，别人只会把你看成一个低俗、没有教养的女人。

生活有它自己的风景，正如我们内心的感受。人的一生那么长，不会一路都是风和日丽。当遇到狂风暴雨时，希望我们能如卡耐基所言用自己的控制力摆脱困境，逃离险阻。只有掌握自己的情绪，你才掌握了命运的主动权。

## 5. 调整心态，把抱怨远远抛开

抱怨世界、抱怨生活的糟糕，不过是内心的映射罢了。女人若时刻保持乐观的心态，就会发现世界其实很美，生活其实很好。心好了，人好了，一切都会好起来。想要改变现状，改变不如意，就要先把抱怨远远抛开。

露易丝是一位面目清秀的女子，一天她在街上见到多年前的友人贝蒂，她被贝蒂吓了一跳，因为她完全认不出眼前的女子竟是多年前那位娉婷可人的大美女。贝蒂却很平静："是不是觉得我变老了好多？"这更让露易丝感到诧异，她觉得贝蒂不只人老了，心也变老了。

贝蒂继续说："很不幸，我的婚姻出现了裂痕。最近总陷入其中无法自拔，虽然我和他并没有吵架，但我感觉他对我越来越冷漠了，而我自己也越来越狰狞、刻薄。我想让他时刻在我身边，不想让他多看别的女人一眼，难道是我失去魅力了吗？我讨厌这样的婚姻，这样的婚姻使我面露憔悴，无心于事。我自己都讨厌这样的自己。"

露易丝笑着说："亲爱的，千万别这样想，你应找回从前那个乐观开朗的自己。不要抱怨他，不要抱怨婚姻。也许他的确有错，但你的抱怨只会令他想要逃离。你不妨先放下心中的抱怨，换个角度，站在他的立场上想想，看看是不是自己也犯下了什么令他伤心的错误，好吗？"

就这样，虽然贝蒂不愿相信自己也有错，但还是按照露易丝的话尝试了一番。

没几天，露易丝就接到了贝蒂的电话："亲爱的，谢谢你，我们和好了。原来只是小误会，但因我的抱怨反而让彼此都难以敞开心扉。现在我终于想明白了，女人实在不该抱怨。"

从那以后，贝蒂找回了从前的神采，每天都容光焕发，活脱脱和几年前一模一样。

女人想获得幸福，就不要把生活变成嘴里的闲言碎语。要么宽容，要么放弃。与其自暴自弃，就此沉沦，不如调整心态，重新思考。聪明的女人从不用抱怨来计较生活，抱怨和等待往往只会让生活更糟糕，她们会试着改变可以改变的，接受无法改变的，找个合适的方式，把心里的垃圾丢掉，注入新鲜的空气，让幸福升级。

周丽丽看着儿子杂乱无章的书桌，火冒三丈。丈夫却在客厅里看电视，视而不见。她心里觉得委屈，白天上班忙碌，晚上回家还要洗衣、做饭、收拾屋子。她像往常一样，指着丈夫抱怨："怎么现在你变得这么懒？吃饭你都懒得拿筷子！你的眼睛掉到电视里去了？屋里乱得没处下脚，你看不见吗？"

丈夫不理她，依然我行我素。其实，这样的抱怨几年前就开始了。如今儿子上小学了，他们两人都要上班，周丽丽下班早，这些事情自然也就归她了。

"现在的好男人都哪去了，怎么让我碰见你这样的！衣服堆了三天，不管不问，饭后从不洗碗，儿子的家庭作业我还要辅导，你只会在家里看电视。"周丽丽越想越气，竟拿杯子往丈夫身上砸去。

"好了，你可以不做啊，谁强迫你做这些事了？少干点活，大家就不能活吗？"丈夫忍无可忍，回了几句话。周丽丽听了更生气了，变本加厉地指责丈夫，后来甚至动手打骂、摔东西。

周丽丽觉得委屈，自己任劳任怨做了很多事，难道抱怨两句还有错吗？她收拾东西回到母亲家里。母亲看见既心疼又无奈，对女儿说起自己年轻时也曾抱怨在婚姻中受了委屈的往事。后因丽丽的父亲被调到外省工作一年，她才觉得，家里如此空旷。那些日子，再脏再乱再苦，也得自己一人承受，抱怨无济于事。可就是那一年，母亲想通了：能有个人相伴相守，每天说说话，就是幸福，至于洗衣做饭，那都是小事，又算得了什么呢？

周丽丽平复了心情后回到家里，看到家门口等待的丈夫和他怀里熟睡的儿子，忽然觉得令人生厌的日子其实也是一种幸福。只是，自己被抱怨迷惑了，从未用心去体味过。

不抱怨的女人，能透过苦难看到将来的幸福，不抱怨的女人对未来充满希望，不轻易被眼前的辛苦冲昏头脑，不让情绪蔓延、怨天尤人、唠叨不休，让生活带上不满的枷锁。苦难只是一时的，风雨也会过去，彩虹终会绽放，天空终会晴朗。

不抱怨的女人，有自己的修养气度和思想主见。生活越不幸，越不放弃自己；越没人爱，越要爱自己。不抱怨的女人，从不轻易在别人面前表达她的不满，也不大喜大悲，更不在不幸的迷途中停留太久。她们悄悄收起自己的软弱和狼狈，跨过艰难的考验，勇敢面对明天，证明自己活在当下，活得精彩。

幸福像爱心一样传递，抱怨像病毒一样散播。不要为琐碎的事抱怨不已，那会让你迷人的气质和魅力在唠叨中消磨殆尽。生活不是甜点，酸苦辣咸都要尝遍，才能明白幸福的真谛。女人要学会创造和感知幸福。美丽高贵的女人不一定拥有幸福，拥有幸福的女人一定是美丽高贵的。

# 6. 欲望少一些，自由多一些

世上很多看似复杂的东西其实都非常简单：饮食维持我们的生命；衣着给我们带来温暖；居室为我们遮风挡雨；旅行是迈动双脚从这里走到那里；美术是得意时在岩壁上刻刻画画；音乐是高兴就在旷野里拖长嗓子吼叫……

如今，这一切原本简单的事情变得复杂起来。今天我们既享受着高度发展的文明带来的物质条件，也承受着它所带来的巨大的生存压力和烦躁情绪，越来越多的人在对物质与名利的追求中丢失了自己，丢失了快乐。

有个外国商人，辛辛苦苦忙了大半辈子，终于挣足钱过上了好日子，于是他坐船到西班牙海边的渔村度假，想静静地晒晒太阳，享受自然的美好，完全地放松自己。

在码头上，他看见了一个衣着破烂的渔夫从海里划着一艘小船靠岸，船上有好几尾大鱼。外国商人对渔夫能抓到这么好的鱼表示赞叹，然后问他："您抓到这么多鱼，每天要花上多少时间？"

"一会儿工夫就抓到了，不用费多大力气。"

"为什么你不再多抓一会儿，这样就可以抓到更多的鱼了。"

"这些鱼已够我一家人一天的生活了，我为什么还要抓更多？我已经累了，需要回去和孩子们玩玩，再睡个午觉。黄昏时到村子里找朋友喝点酒，再弹会儿吉他。"

"我给你出个主意让你挣大钱。你多花些时间去抓鱼，然后攒钱买条大船，就可以抓更多的鱼，再买渔船，到时你将拥有一个渔船队。接着你直接把鱼卖给工厂，挣得更多的钱，你还可以开一家罐头厂。这样你就可以离开渔村，到城里做有钱人。"

"要达到这些目标，我要花多少年的时间？"

"大概15年到20年。"

"然后呢？"

"然后你会更有钱，你可以挣好几个亿！"

"再然后呢？"

"你就可以退休了，你可以每天睡到自然醒，然后出海抓几条鱼，捕鱼回来后和孩子们玩一玩，再睡个午觉。就像你说的，黄昏时到村里找几个朋友喝点酒，再弹会儿吉他。"

"难道我现在的生活不是这样的吗？我为什么还要绕个大弯子呢？等我做了那些事，赚了足够的钱，也许我已没有时间晒太阳听海了。"

商人最终无话可说。

　　商人劳累了一辈子，只因将简单的事情复杂化，转了一圈后依然没从疲惫的怪圈中跳出。而渔夫用简单的心态看待人生，切切实实地享受到了商人为之一生努力的、安然幸福的生活。

　　幸福，不是任何物质所能取代的。它是一种感觉，一种让我们快乐、温暖、感动的感觉。卡耐基认为，幸福并不仅仅是那些物质上的满足，有时仅在一念之间。

　　生活简单就是幸福，不意味着我们放弃了对目标的追逐，而是在忙碌中的停歇，是身心的恢复和调整，是下一步冲刺的前奏，是以饱满的热情和旺盛的精力去投入新的"战斗"的一个"驿站"。生活简单就是幸福，并不意味着我们放弃了对生活的热爱，而是在点点滴滴中积累人生，在平平淡淡中寻求充实和快乐。

　　作为女人，从现在开始抛弃那些束缚心灵的欲望与虚荣，开始期盼简单快乐地生活状态。真正的简单是繁华落尽的朴素，是悲喜尝遍的领悟，是坎坷过后的坦然，是无求无欲、不矜不躁的大气。

　　简单的生活就是幸福，欲望少一些，自由多一些，过自己的生活；不要和别人去比。人们之所以不快乐，往往是因为活得不够单纯。其实，不要去给自己塑造形象，因为，简单本来就是幸福。

# 7. 还你平常心——拔除心灵的杂草

人生在世，如果计较太多，势必难以达到平衡的心态，而不平衡的心理，容易使人处极度不安的环境中。一旦有了焦躁、矛盾、激愤等负面情绪，会使我们误解人生的意义，甚至不惜铤而走险，玩火自焚。生活本就是柴米油盐酱醋茶的组合，每个人的生活都如此。与其不如意，不如学会寻找乐趣，看到生活中美好的一面。人的一生会遇到很多高兴、幸福、顺心的事，同样也会面对挫折和苦难，此时你是否还能保持积极的人生态度？其实，生活中有些事不用太在意，人生的得失就像是手中握的沙子，只有以不计较的心态摊开手掌，才能获得更多。

她是个漂亮的女人。生活在山区，家境贫困，为给哥哥娶媳妇，父母将她卖给另一山村的男人。谁知刚嫁过去半个月，男人因车祸而亡。婆婆骂她是克星，克死了自己的儿子。同村的人们都对她冷眼相看。回自己父母家，嫂子不容她。她心灰意冷至极……

在媒人的介绍下，她再婚了。她比他小20多岁。这次她再婚时家乡人都以为她傍上了大款，只有她自己知道他是一个怎样的人。他长得又丑又黑，一口向上鼓起的黄牙，脸上有一道深深的烧伤疤痕。媒人提亲时对于他的长相一字没提，只说他是个善良、老实、能干、有手艺的人，因家穷耽误了娶媳妇。

草原偏僻、封闭、落后，在那个年代娶不上媳妇的男人较多。家里有钱的可以托人到山区去找。这男人也托人带一个回来，就是她——一个克死丈夫的女人。媒人说，她因为实在无法在家中待下去才急于出嫁。婚后她才知道他的手艺是每天在风吹雨淋中修理自行车，加上他长得丑，结婚第一天她就有种上当受骗的感觉，但已没退路了。

再婚后，男人非常疼爱她，体贴她。她因对自己再婚不满，心中不快，常常哭泣。每每这时，男人总将她揽入怀中，什么都不问，将她脸上的泪水擦净……每隔几天，男人就给她带些小礼物回来，一条纱巾、一盒擦脸油、一块手表、一副手套、一些樱桃……

她长到近30岁从没用过纱巾，从没听说过樱桃，突然有一股幸福感涌过心间。她吃樱桃，男人在旁边看着，她说："给你吃一个。"男人赶紧推托："不吃，我不爱吃，看着你吃我就快乐。"她深知他不是不爱吃樱桃，而是不舍得吃！

她暗暗发誓要一辈子爱他。早晨他没起床她就偷偷起来烧好早茶，晚上他修自行车回来时她已做好热腾腾的饭。草原的冬天特别寒冷，男人在外修自行车回家时，身体冻得发抖，女人就用自己的身体为男人暖脚。男人很知足，说自己有福气才娶到漂亮、体贴、温柔的妻子。他的知足让女人心花怒放。

一天，女人对男人说："你一人在外修理自行车太辛苦了，我在家待着没事，我和你一起去修。"从此大街上总能看到一对老夫少妻在修自行车，他们紧挨着坐，有活儿就一起干，没活儿时他们有说有笑。

冬天草原天气风大雪大，女人不禁冻，在外面一会儿就手脚发麻，脸色发青。每到这时，男人总跑到对面的快餐店，买来热腾腾的热狗，再为女人打开瓶装的热饮料，女人吃一口热狗，男人又将热饮料递给女人，女人喝完饮料后将热狗塞到男人嘴里，就这样他们你一口我一口地吃着，说笑中充满着关心、体贴、爱和真情……

后来男人对女人说："总有一天，我会走在你前面的。"女人哭了："我们一起走，做鬼我们仍是夫妻。"男人说："不行，你一定要在我走后好好活着。从下个月开始我中午不回去吃饭了，再在学校门口开个摊位，多挣些钱，等到我走后能给你多留些钱，保证够你晚年生活的费用。另外，我雇人在自己的草场上为你种植玉米，每年有万元的收入。还为你买了50只种公羊，10只母羊，等过些年我走了，羊群也发展的数量多了，你每年卖些羊足够你晚年生活的了。"女人再也忍不住扑到男人怀里痛哭起来，她知道从没人替自己这样着想过，可眼前这又丑又老的男人为她想到了年老，她觉得嫁给这个男人这辈子值了——自己是世界上最幸福的人。

其实，命运一直非常公平：我们在一处失去什么，必会在另一处得到什么，就像我们得到金钱时，可能失去真挚的感情；得到高位时，可能失去对生命的认知；得到名望时，可能失去某些自由。所以，生活中的我们，不应太计较得失，在或长或短的人生旅途中，无论是什么样的生命，最终都会得到平衡。

懂得了这一道理，我们便知道，即使拥有得再多，总有失去的时候；即使失去得再多，也总有得到补偿的机会。所以，在得失之间，无须太计较，更应学会以平常心对待。当然，平常心并非与生俱来，它是经历磨难、挫折后的心灵感悟，一种精神上的升华。人的内心时常由外物的变化起伏波动，在瞬息万变的世界里能保持一颗平常心，实在是一种了不起的人生境界。

# 第五章

## 柔情似水，女人味是一种"韵味"

温柔是女人特有的武器。有女人味的女子是何等柔情，她爱自己，更爱他人。她是春天的雨水，润物细无声；她是秋天的和风，轻拂你的脸庞。她以女性的特有情怀，放开胸襟拥抱整个世界。温柔不单是女性的娇憨和妩媚，还有母性的善良、关切、慈祥。女人最能打动人的是温柔，像纤纤玉手，知冷知热，知轻知重。

# 1. 送给对方微笑的"花朵"

　　女人的微笑可表现出温馨、亲切的表情，能有效地缩短双方的距离，给对方留下美好的心理感受，从而形成融洽的交往氛围，可以反映本人高超的修养，待人的真诚。微笑有一种魅力，它使强硬者变得温柔，使困难变得容易。

　　微笑是世界上最美丽的花儿，一个女人常常送"花儿"给别人，那她无疑是一个人见人爱的天使。

　　女性最能打动人的就是微笑。世界名模辛迪·克劳馥曾说过这样一句话：女人出门时若忘了化妆，最好的补救方法便是亮出你的微笑。微笑，本不是女人的专利，但女人从心底里发出微笑时，却可让灰暗的人生焕发出靓丽的光彩，让平庸的世界创造伟大奇迹……

　　达·芬奇的名画《蒙娜丽莎》中，那神秘而安详的微笑只属于女人，那永恒的微笑迷倒了几个世纪以来的人们。

　　时刻微笑着，这是Twins姐妹得到歌迷心爱的不二法宝。她们脸上发自内心的甜美微笑，博得了亿万歌迷的喜爱，为她们赢得了巨额的财富，也给她们带来了巨大的成功。

　　香港凤凰卫视的著名主持人吴小莉，有着一张会笑的嘴——嘴角略微往上翘。她曾说："我希望我的生活是不断快乐的积累。"

　　每天面对所有人开心微笑的女人才是最聪明的女人，每天面对所有人甜美微笑的女人才是最美丽的女人。

微笑，一个简单的表情，却是女人最美丽的语言，它所传递的信息丰富无比——

微笑传递关爱，驱散心灵的孤寂；

微笑传递温情，融化心灵的坚冰；

微笑传递友善，放松戒备紧张的心情；

微笑传递宽容，拉近心与心之间的距离；

微笑传递信任，让人感受到你的真诚；

微笑如绵绵春雨，滋润干涸的心田；又似徐徐春风，抚平或舒展心灵的皱纹。

微笑的女人笑容在脸上绽放，心里充满阳光。虽然不能改变世界，但最起码可使自己周围温煦如春，暖意融融。微笑是和煦的春风，微笑是快乐的精灵，微笑是看不见的财富。

把微笑送给别人，会体验到一种真正的愉悦，心情好了，幸运也来了。


**有这样一个故事：**一家信誉特好的连锁花店，高薪聘请售花小姐。招聘广告张贴出后，有四五人前来应聘。经仔细地筛选后，老板选出三位女孩让她们每人经营花店一星期，最终挑选一人。三个女孩长得都很漂亮，很适合卖花，其中一个有丰富售花工作经验，一个是花艺学校的应届毕业生，最后一位却只是待业的女青年。

有售花经历的女孩一听老板要以实战来考验她们，心中窃喜，毕竟这工作对自己来说驾轻就熟。每当顾客进来，她就不停地介绍各类花的花语以及给什么样的人送什么样的花，几乎每位顾客进花店，她都能说得让人买去一束或一篮花。一个星期下来，成绩非常不错。

轮到花艺女生经营花店，她充分发挥自己所学的专业知识，从插花的艺术到插花的成本，都精心琢磨。她的专业知识和她的聪明为她一星期的鲜花经营也带来了相当好的业绩。

待业女青年经营起花店，有点放不开手脚，甚至刚开始还有点手足无措。然而置身于花丛中，她的笑脸简直是一朵花，从内心到外表都展现出对生活、对工作的热忱。一些残花她总舍不得扔掉，而是修剪修剪，免费送给路过花店的小学生。每个买花的顾客，都能得到一句甜甜的祝福——"鲜花送人，手有余香"。顾客听后，往往都开心地回应她，然后快乐地离开。尽管女孩努力干了一星期，但她的业绩和前两个女孩相比还是有差距。

不过，出人意料的是，老板最终选择录取待业女青年。他说：用鲜花挣再多的钱也只是有限的，用如花的心情和微笑去挣钱才是无限的。花艺可以慢慢学，经验可以积累，但如花的心情不是学来的，因为这含着一个人的气质、品德和自信……

"一笑倾人城，再笑倾人国"，女人的笑容往往具有强大的力量。一个真正懂得笑的女人，总能轻松穿过人生的风雨，迎来绚烂的彩虹。

从今天开始，面对每一个人充满自信地微笑吧！"世界像一面镜子，当你向它微笑之时，它必以笑颜回报。"

## 2. 少对人说狠话，多给人留余地

常听男人说"太没有面子"、"给点面子"，没面子，会让他们有一种自尊心受挫的感觉；给点面子，是他们希望别人给予尊重的心理。能说出让人给面子的男人，说明他很在乎自己在别人面前的形象，无论他在私底下是一个什么样的人，在公共的场合，他非常注意分寸和形象。

其实，不光是男人，女人也一样爱面子。在公众场合，你不小心踩了对方一脚，对方忽然破口大骂你，试想你的心里是什么滋味。因此，古话说的"人活脸，树活皮"一点没错，是人都爱面子。

男人爱面子，他们劳累时也要表现得很轻松；脆弱时也要表现得很坚强；自身难保时也要表现得还能保护别人；束手无策时也要表现得有用不尽的办法。

他们成功时不敢狂喜；失败时不敢叹气；伤心时不敢流泪；茫然时不敢求助……都是爱面子的具体表现。

不管性格多么温和的人，事关他的面子，他就会全力捍卫。爱面子的人对于触及到他面子的问题，非常敏感。因此，一个足够聪明的女人，一定会在任何情况下给别人留足面子。

刘艳艳是一家建材公司的销售经理。有一次，她为一家正在装修的超市送地板。验货时，超市老板说他们送的地板低于原先定的标准，因此不接受这批地板，甚至还要刘艳艳公司赔偿施工延期的损失。刘艳艳并未和对方争吵，相反，她冷静地检查了自己的地板规格，又看了当时预订的合同，发现对方搞错了。

其实对方对地板的材料不了解，但又不承认自己的无知。于是刘艳艳一边观察、提问，一边用很巧妙的方法告诉对方衡量地板质量的标准，并让对方听起来似乎是他原本就懂。

最后对方不但接受了地板，还对刘艳艳能抱有这样的态度表示非常感谢。

刘艳艳这样除避免一次无谓的争执，也巧妙地给对方留足了面子，因此得到了对方的感谢和接收。

每个人都有爱面子的特点，因此，聪明的女人知道什么时候该静静地面带微笑地听别人说；知道什么时候该给别人打圆场；知道什么时候该见好就收，不让对方有一点的尴尬！

尤其夫妻间，女人如果能处处为男人留足面子，那么你的生活一定也会非常幸福，这是维持家庭和谐的最有效的方法之一。

男人结交的朋友，女人不一定都喜欢，但聪明的女人知道"上门皆是客"的道理，依旧笑脸相迎、热情款待、高接远送！这让男人在朋友面前非常有面子。即使你在私下里怎么数落他，他都会为你当时给他面子感谢你。

男人在外应酬，所做的事不可能都正确，喝酒、打牌，甚至夜不归宿，有几个女人不反对？但聪明的女人从不频频电话催促男人尽快回家，更不会在男人酒兴正浓，牌瘾正酣时出其不意地出现在男人面前一句"你该回家了"，让男人的尊严尽失！

俗话说"打人不打脸"，其实就体现了面子的问题。没有谁不爱面子，给别人留面子，就是给自己留面子。如果你能明白这些，那么与人相处时，尽量不要损伤别人的面子，你给别人留了面子，是对别人尊严的维护，也是聪明女人智慧的表现。

星星和李力恋爱了4年终于结婚了，但是，婚后她发现李力并不像当初她认识的那么优秀。于是星星经常埋怨老公。

某次星星和老公吵架，星星说："当初我看走了眼才嫁你，要知道你这样打死我也不嫁。"老公回了句："知道我哪样？""你说你有啥出息吧，干了这么多年销售，连个销售经理都没当上，我看这辈子，你就这样了。"听了这话李力非常伤心，几天没和星星说话。

一年后因为工作努力，李力被新上任的一个销售总监看上。他也没有辜负总监的期望，业务量越来越大，不到5年的时间，从一个小小的销售节节上升，总监离开时，李力被升为销售总监。

但对于星星曾经的那句话，李力还是耿耿于怀。这使得他们的相处总是不和谐。

女人是一个家庭幸福与否的关键，要想生活幸福美满，在说话方面一定要多加思索，不要出口就下定论。人一辈子很长，变化很多，少说绝话，多留余地。聪明女人都应明白，这样做不仅是为对方考虑，对对方有益，更是为自己考虑、对自己有益。

## 3. 最是那一低头的娇羞

张爱玲在《倾城之恋》里描绘了一个离了婚的"无用"女子，却征服了男主角范柳原。"'你知道么？你的特长是低头。'流苏抬头笑道：'什么？我不懂。'柳原道：'有人善于说话，有的人善于笑，有的人善于管家，你是善于低头的。'流苏道：'我什么都不会，我是顶无用的人。'柳原笑道：'无用的女人是最最厉害的女人。'"

白流苏那一"低头"的意象重重绊了范柳原一脚。聪明的最高境界是大智若愚，而聪明女人的最高境界便是懂得适时柔弱。女人的示弱是一种蚀骨的温柔！

爱情往往很脆弱，越爱越容易彼此伤害。感情发生危机时，不要做因一时冲动而亲手放掉爱情的傻瓜，适当时，低头，说对不起，只因为爱。

一位女性心理学家讲述了一个这样的故事：

好友阿紫向我诉苦：结婚刚三年，她和老公经常吵吵闹闹，这种日子无法忍受，不如离了算了。

阿紫娇柔美丽，是一个高傲的小公主。她的老公英俊潇洒、好强上进，是一个十足的美男子。在别人眼里，他们是才子佳人、天造地设的一对。然而爱情是浪漫的，婚姻却是实际的。锅碗瓢盆的琐碎，柴米油盐的牵绊，人情世故的打点……生活的波澜层出不穷。他的自负和她的高傲令他们互不相让，为一些鸡毛蒜皮的小事，他和她总是磕磕绊绊、争吵不休。每次吵架后，就陷入冷战，互不理睬。婚姻之舟在争吵与冷战中风雨飘摇。

我建议说：再争吵，不要一味地逞强，不妨学会示弱。

"现实生活中女人本来就扮演弱者的角色，继续示弱，岂不更让男人得寸进尺？"

家不是个讲理的地方，没有谁对谁错，一味地针锋相对，一味地强调是非曲直，其结果只能是两败俱伤。没有触及原则问题的争吵，不必针尖对麦芒，即使理由充分，也不要得理不饶人。不如悄无声息地低下头，作一种无辜无奈状或楚楚可怜地看他一眼……女人的弱小，往往能激发男人天生的保护欲望，让男人心生疼爱和怜惜。这远比逞强更有力量，矛盾也就迎刃而解。

"嗯！"阿紫若有所悟。以后再遇到这样的家庭矛盾，阿紫便如法炮制，果然收效明显。从此家里少了吵闹，多了设身处地的理解和温情脉脉的恩爱。


当坚硬的牙齿脱落时，柔软的舌头还在。柔软胜过坚硬，适当时学会妥协，就是让自己的思想、思维有了水准，思路有了突破。

当张扬的个性成为当今社会的一种时尚，"低头"被越来越多的人淡忘时，我们回头重新审视自己：为什么自己与社会格格不入？为什么自己怀才不遇？为什么自己愤世嫉俗？

人际交往中，暂时的低头可为自己的利益开道。商业较量中，适当的让步可实现利益最大化或损失最小化。

如果一个人的能力过强，过于突出自己，会给他人很大的压力。任何人都不可能去选择一个总是提醒自己无能和低劣的对象来喜欢。相反，一个常犯小错误但能力出众者则降低了这种对他人的压力，缩小了双方的心理距离，保护了他人的自尊，因而也容易赢得更多人的喜爱。"犯错误效应"告诉我们："白璧微瑕"比"白璧无瑕"更能赢得人的喜欢。如果你是一个强者，请不要把自己的缺点和不足隐藏得太深，恰当地"示弱"，会赢得更多的朋友。

示弱和撒娇是上天赐给女性的特权，是让男人对你言听计从的不二法宝。张爱玲说过："善于低头的女人是厉害的女人。"适时适度地示弱是女人的杀手锏。君不见，多少盖世英雄终究倒在了女人的温香暖玉中，多少视死如归的大丈夫却在女人的几滴眼泪下甘拜下风。女人示弱，就给了男人疼惜、关心、保护、牵挂你的机会，让男人觉得这个家需要他保护，家里有一个需要他呵护的女人，他的心就会永远留在这个家里。

示弱其实很简单：一句温柔的话，一个娇嗔的眼神，一顿可口的饭菜，甚至一个不经意的爱抚动作，都可以化解彼此心中的怨气。居家过日子，难免磕磕碰碰。只要有爱，只要想着日子还要继续，那你就要温柔地举起双手，晃动白旗，投降、示弱、妥协，即使只是一句道歉、一杯热茶、一个微笑、一个拥抱，坚冰就会融化，隔阂就会消除，婚姻就会柳暗花明、峰回路转！

## 4. 结婚之后，更应该对丈夫撒撒娇

"老公，我想吃冰淇淋，你下班帮我带一个好吗？"当女人向自己的丈夫提出这样的要求时，大概没几个男人会拒绝吧。但好像很多女人都不太会向自己的丈夫撒娇。其实，只要你稍微撒一下娇，丈夫就会任你差遣。

撒娇是女人与生俱来的本领，恋爱中的女人，更是把娇撒得出神入化，她可以随时随地对她爱的那个人使出"杀手锏"。但是，有的女人在做了妻子后却不如婚前温柔、娇嗔，反而变成了一个恶狠狠、冷冰冰的女人。这时妻子要开始注意了，要知道，撒娇不仅要在恋爱时，结婚后，更应该对丈夫撒撒娇，这样，是会让你们的生活更加幸福的。

那是一个有点冷的傍晚，刚下班的丈夫和朋友坐出租车回家，才下车，手机就响了。妻子问："你现在哪儿？"丈夫回答："到楼下了，马上就到家。""那帮我带一个'可爱多'上来，好不好？""今天太冷了，你不能吃凉的。""不嘛，我就是想吃，家里又不冷。"妻子在电话那头撒着娇。最后，丈夫妥协了，对朋友说："你先等一下，我去给老婆买冰淇淋去。"看着一个男人一路举着冰淇淋的身影，真让人感动不已。

女人适当地对丈夫撒一下娇，丈夫就会心甘情愿地替自己做

任何事情，就算有些时候，你颐指气使地差遣他一下，他也会非常乐意。要知道，在现在这个年代，夫妻之间就是互相被需要的。偶尔的撒娇，会让你的生活更美满。甚至，有的时候，女人的撒娇会让濒临解体的婚姻重新焕发生机。

一对经过七年漫长跋涉的情侣，步入了婚姻的殿堂后，琐碎、平淡以及单调超出了他们的想象。很快，他们开始争吵，从小打小闹的拌嘴发展到歇斯底里的吼叫，最终心力交瘁，不得已做了让婚姻解体的决定。

收拾好所有的物品，在准备分开的那晚，他们进行了一次心平气和的漫长交谈。最后，丈夫低声对妻子说："已经很晚了，快去睡吧。"妻子眨眨泛红的眼睛，抱膝说："嗯……不嘛，我就不去……"看着妻子那张憔悴的脸上出现了那似曾相识的娇羞，丈夫的眼眶一下子就湿润了，他盯着妻子的眼睛不言不语。妻子问他怎么了。他喃喃道："你知道吗？我已经很久没有看到你这样跟我撒娇了，真怀念你以前撒娇时那调皮可爱的样子。"

妻子听后呆住了：是啊，从什么时候开始，自己用抱怨、责骂代替了娇惯和温柔了呢？这对夫妻最后的结果是，由于妻子不经意间的小小撒娇，点燃了他们即将熄灭的爱情的火焰，也挽救了他们濒临悬崖边缘的婚姻。

这个妻子用撒娇挽救了自己的婚姻。但是，有的女人在婚姻解体的那一刻都没有意识到这一点。

有个人人称道的好男人出轨了，这是个绝不可能婚外恋的男人，但是他出了，为什么？可能有很多原因。最后，他妻子给他一个次机会，让他在自己和情人中选择一个。男人毫不犹豫地选了第三者。理由是，妻子天天像一只"母老虎"，没有一天不吼的。哪天不高兴，她还会来个"河东狮吼"，让人实在受不了。而情人就像是"温柔的羔羊"，她很温柔地和他说话，偶尔还会撒娇。可以说，就是情人偶尔的撒娇让他怎么也放不下她。

再说，妻子离开他还可以在社会中生存下去，他认为妻子是绝对坚强的，平常的生活中从没表现出需要他的样子。他相信，离开他后，妻子同样可以生活得很好。但是，情人就不一样了，情人非常需要他，没有他，情人可能就生活不下去了。她是那样柔弱，什么事都需要他。所以，当妻子让他做出选择时，他毫不犹豫地选择了情人。

听了他的选择，妻子气得七窍生烟，一边追着打他，一边骂："你这没良心的，家里什么事我都替你做了，什么事都不用你担心，平常换煤气，都是我一人楼上楼下地扛。我换来了什么，居然是什么我比较坚强，这都是你逼出来的!"终于，男人受不了女人的撒泼，走了，只留下一个背影给这个"坚强"的女人。这个"坚强"的女人在他离开后，悲伤至极。其实，她只是表面坚强，骨子里，她也是个需要男人爱的女人，但却用错了方法。

不错，为让男人能安心工作，她不会拿一些小事烦他。家里的灯泡坏了，这本该是男人的事，可为不打扰他，她自己挽起袖子把灯泡换上。但她不知道，男人或许就在等她说："老公，灯泡坏了，屋里好黑，我害怕，你快点回来。"试想，哪个男人舍得让自己的妻子在黑暗和害怕中度过。

当妻子能应付所有的状况后，丈夫会觉得自己在家没了用武之地。为满足自己大男人的心态，他们会在外面寻找一个可以表现出自己男人一面的地方。在那里，他可以保护所依赖他的那个女人，他认为，这个女人离开他就无法生存。男人需要的就是女人偶尔的撒娇和示弱。

看了这些，作为女人的你是不是有所感悟了呢？当再遇到什么该是男人所做的事时，千万别揽到自己的怀中。适时让男人做一些事，可以满足他们大男人的心态，也可以让你的男人多爱你一些，多疼你一点。所以，在你们的婚姻生活中，一定不要忘记偶尔用撒娇来润滑一下。

# 5. 撒娇也应带着包容和关怀

很多时候，男人要的只是一种类似母爱的包容和关怀，一种无怨无悔、夫唱妇随的契合感觉。

男人年轻时，都会选身材好脸蛋美的女人做老婆或女友，根本不管她的人品、性格和脾气。但成熟的男人知道，女人的美，不光在外表，更看她是否有包容心和好脾气。尤其是会撒娇的女人，一旦撒娇撒到男人的死穴上，也就是打中了男人心坎里的弱点，这时候，就算她要男人去死，男人也会带着微笑和满足的表情从容就义。

有这样一个的男人：人长得帅，家庭条件又好。年轻时和一位富家千金相恋了，这位千金长得像明星一样貌美，非常有气质。几年后，他们结婚了，有了两个孩子。但在结婚十年后，男人却不顾双方家人的反对硬是和富家千金离婚了。隔了半年，男人又找了一个女孩结婚，女孩既不是富家千金，也不是明星，而是餐厅的女服务员。她的家庭条件非常平凡，父母只是普通的公务员。她没有靓丽的外表和显赫的家世，但她却深深抓住了男人的心。

对于这样的结合，男人的朋友都很好奇，有一次，一个朋友问男人，为什么会这么迷恋一个平凡的女服务员。男人笑笑，给朋友说了一个买酱油的故事。

他说，他和富家千金结婚的十年中，受够了她的折磨和凌辱，早想离婚了。之所以拖了十年，是为了孩子着想，但实在忍无可忍。富家千金从不把自己当人看，吃要讲究，穿要名牌，生活上每件事都要符合她完美的要求。如果有一点点的瑕疵或不完美，她就会破口大骂。即使对身为老公的他也一样，如果一点小事没做好，就像世界末日来临一样，整个家都会被她弄得鸡飞狗跳。

偶尔，他工作上不顺心，想得到她的安慰，却被讽刺为没出息。他想找她出去散心或温存，光出门她就要捣鼓三四个小时，除了选衣服和鞋子，还要前一天预约，要不然她选不出和衣服搭配的鞋子。累了半天，终于可以出门了，他想和她亲密一下，她却嫌人多、嫌他手脏。他们之间的相处模式是一个奴仆在听女主人的训话和教诲。这事情他都忍了，真正让他爆发的是因为一瓶酱油。

一天，富家千金忽然心血来潮，要做湖南菜，傍晚时给他打电话，叫他下班顺便买一瓶AA牌的酱油，他不敢不从。然而，他开了一天的会，人也确实很累，堵了快一小时的车，勉强在超市找到车位，为一瓶酱油去排长龙结账。接着，他全身疲累地回到家，把酱油交给千金老婆，正想趴在沙发上休息，老婆却在厨房尖叫，然后拿了一把菜刀冲了出来，另一只手拿着那瓶酱油大骂："你这个猪头！马上给我回去换掉……我要AA牌你却买成BB牌，我的话你都没听……你根本不尊重我！"

就这样，为了一瓶酱油，她骂了半个小时，甚至牵扯到双方家庭的问题，还说是因为他心里有自卑感，才会用这种小动作来捉弄她……

这时，又累又烦的他，气若游丝地说："老婆，不过一瓶酱油，晚餐将就用了……干吗大费周折？"但千金却拿起菜刀，逼他去换回AA牌。

他看着老婆的脸，像和自己有不共戴天之仇似的，忽然间看开了。他站起来挥手打掉她手上的菜刀，然后，生平第一次甩了她耳光（以前因为她是富家千金，连骂都舍不得骂，更何况是打），然后淡淡地说："要买你自己去买！明天我们就离婚吧！"

一向高高在上的千金，怎么可能被人"开除"，她到双方父母家里大哭大闹，还说要带孩子自杀，但男人理也不理。后来，富家千金眼看再闹下去，自己的面子也丢了，就趁机敲了男人一大笔赡养费，离婚了。男人离婚后，为付赡养费，没了豪宅，没了存款，也没了名车。但他觉得自己重生了，感受到前所未有的自由和畅快。坐了十年的牢，终于逃出了女魔头的手掌心。

他开始坐公车去上班，吃路边小摊，租公寓自己住。有一天和同事去一家小餐厅吃饭，不小心打翻汤，桌面和衣服都湿了，一位女服务员主动帮他清理，还一直安慰他没有关系。后来，男人告诉他的朋友，当时他有一股冲动，想倒在女服务员怀里痛哭一场。而女服务员，就是他现在的老婆。

同样地，某天下班前，他接到老婆电话，同样是要他回家前顺便买酱油。男人同样累到不行，本来想说随便到外面吃就算了，但老婆在电话中拼命撒娇，说特地炖肉要为他补身子，他听了再累也去买了。这时，他想到了前妻的AA牌酱油，到了便利商店，他故意又买BB牌酱油。回到家，老婆满脸笑容地迎接他，然后拿了酱油做菜。男人好奇地走到厨房，问她应该是AA牌的比较香吧！老婆撒娇地说："什么牌都没关系，老公买回的（老公牌）最香。"

就这样，这个男人一辈子疼死了会撒娇的老婆，他告诉他的朋友，在他眼中，他这位会撒娇的老婆是最美的，没有任何女人可以取代她。

人生本来就很苦了，男人为了生活、为了事业，更是辛苦。所以，男人想找一个人生的伴侣，而不是找一位女主人，生活在无间地狱，最终离婚收场。

有人说，21世纪，男女间最流行的，似乎是就离婚这件事。

其实，结婚没有对错，离婚更没有对错。每个人性格不同，需求当然也不同。有人要完美严谨的配偶，有人要有点迷糊，凡事不计较的伴侣，大家各取所需，没什么绝对标准。也不能说哪一种类型的人就不好，而是看每个人自己想要的另一半是什么样的。

放眼望去，差不多每个失败的男人，背后总有个不懂事又不会撒娇的女人，一遇到男人陷入低潮或压力过大时，她们却大吵大闹，难怪男人在这种内外交迫的情况下，决心结束这段不人性的关系。

## 6. 不要怕别人看到你流泪的眼睛

作为女人，不要怕别人看到你流泪的眼睛，因为女人是水做的。如果你多了独立少了泪水，多少会让男人有些失落。假如世上的女性都不哭，成了铁娘子，世界是不是少了滋润？懂得流泪的女人，是一个懂得撒娇的女人，这样的女人才会让男人更心疼。

其实，女人流泪也是一种撒娇，这种方法还很奏效。但有人会认为流泪是一种痛苦的表现，会有一种"流泪的女人都是可怜的女人"这种想法是经不起推敲的。生活告诉我们，促成流泪的情境太多了，痛苦只是其中不太经常的一种；生活迟早会让我们明白，不懂流泪或无泪可流的女人才是真正可怜的人。

女人并不是因痛苦才流泪，更不会因流泪感到自己可怜。但是，女人爱流泪、爱哭却是一个不争的事实。当然，凡事都不绝对，但起码大多数的女人都爱哭。有的女人哭起来显得美丽，有的女人哭起来显得凄惨，但不管怎样，女人哭起来的表情都很生动：有满眼通红的，有满脸开花的，也有光打雷不下雨的。

女人的哭分为主动和被动两种。主动哭的女人把哭当成一种手段，而被动哭的女人则把哭当成一种解脱。主动哭的女人了解自己的哭声就像了解自己的身体一样，她们很清楚自己哭声的威力。让这种女人哭的原因很多，一点儿鸡毛蒜皮的事都可能是她们哭的理由。她们不管哭起来的样子多丑多难看，因为最终她们都有把握让泪水感动她们想感动的人。因此，在这些女人眼中，哭便成了她们的最神秘也是最有效的武器。

对于这种女人的哭，大多数男人的态度是无奈，在无奈中也只好让女人在哭声中达到目的，只要女人所要求的事不伤害大原则。毕竟那是自己心爱的女人，还要拖家带口过日子，一旦哭坏身体，对自己也是个负担。

对于她们的哭，无奈的男人有时也会感到无所适从。这种无所适从大都发生在男人与女人间的争吵中，男人本来已占领了有理又有利的位置，但在女人的哭声中这有理又有利的位置转眼间便会颠倒。到头来男人还要向女人认错，直说自己不好。

被动哭的女人就没那么幸运了，她们大都处在相当不利的环境里，她们的哭声丝毫感动不了什么人，也不能改变什么事。她们的哭声是在受到压抑后的宣泄，严格说来这种宣泄只能算是条件反射，就像身体受到创伤要流血一样。她们哭时从不考虑样子的美丽与难看，也从不去想她们的哭声除了能让心疼自己的人更心疼外，还能改变什么。

哭是女人天性中不可缺少的部分。当你面对一个流泪的女人，千万不要以为有什么不对劲儿，也不必问她为什么，你只要知道，她哭了，因为她是女人或她是女人，所以她哭了，反正没什么道理。

对于男人来说，更重要的一个问题是，究竟应不应该相信女人的眼泪？是啊，莫斯科不相信眼泪，但男人并不都是"莫斯科"。女人的娇羞和善用眼泪，绝对是令男人怜惜到心底的法宝。而且，默默流泪比号啕大哭更能打动男人的心。

作为女人，该如何发挥眼泪的作用呢？有时她以为眼泪使男人心软了，其实她的眼泪彻底激怒了男人；有时她以一场痛快淋漓的号啕大哭准备割舍与男人的一切关系，却使得男人不愿与她分手。

总之，相信或不相信眼泪，以为眼泪有用或没用，都没有什么放之四海而皆准的规律、真理。重要的是要懂得，人类是唯一会笑的动物，也是唯一会哭出很多花样的动物；而笑往往由男女平分，哭则似乎是女人所拥有专利。

那么，男人不哭吗？

当然，不哭的男人根本不存在。可为什么男人的眼泪要比女人少得多呢？真是因为男人的感情没有女人脆弱、他们的泪腺没有女人发达吗？其实不是。男人有时比女人更脆弱，但他们面对自己心灵上的压力、悲痛时，往往会采用其他的方法：女人流泪，男人流汗。他们会通过更原始的方法发泄这些令女人哭泣的因素。

同时，男人不哭也有社会教育的背景原因。从小大人们就允许女孩哭，而男孩哭泣则被认为"没出息"。这样的潜移默化自然会让男人在确认自己的社会角色时学会把眼泪流在心里。不过，记住：当一个男人肯在你面前流下眼泪时，你一定已在他的心里占据了非常重要的位置。

# 7. 职场中最忌讳的就是七情上脸

由于职场的种种压力，现代女性除了受"亚健康"的影响外，还存在着程度不一的心理问题，日常表现：为情绪暴躁、容易生气、工作强迫症严重、对公务有着抗拒和敌意。尤其在女性的每月的生理期，这种表现更加突出。

工作中遇到问题就心烦意乱、无法冷静思考、抱怨问题，甚至会将问题的责任抛给他人，将自己的怒气强施于他人。女性这种情绪表现，会将很多原本简单易处理的小问题，演变为牵扯众人的大问题。

这种"不良情绪症候群"正在城市中无声地蔓延，并有日渐扩大的趋势。古语云："世上本无事，庸人自扰之。"六祖惠能曾大彻大悟："菩提本非树，明镜亦非台，本来无一物，何处惹尘埃？"

古老的箴言告诉我们：一切都是由我们自己的心态造成的。就像被关在监狱里的两个犯人，一个透过栅栏看到了天空的星辰，一个看到的是地上的泥土。

　　每个人的一生，都在练习着修养。修养的终极是"得而不喜、失而不忧"。如果达到这种境界，就能在职场上游刃有余，处处表现出的成熟和稳重将为你赢到更多人脉。

　　当代职场，每个人都承受着相当大的压力：忙忙碌碌，奔波不停，有时甚至废寝忘食，连连熬夜。生活让每个人神经紧绷，如果不懂得放松，那后果堪虞。

　　面对压力和困难，不仅需要你反思，更需要知道如何能让自己开心一些。让自己远离不良情绪的方法很多，其中职场中比较适用的有：不把公务不良情绪带回家中、不在公共场合轻易去谈论人、不公开树敌等。最重要的是：平静面对一切。

　　喜怒不形于色，并非人人都能做到。涵养的修炼要靠时间的积淀，它是一个人阅历和性格的体现。比如，工作中遇到事情，一定要先听再看后想；凡事不要急于表态；每件工作面面都要考虑周全，不怕做多，就怕漏过；要练就一颗平常心；做事要给双方留有余地。

　　职场中最忌讳七情上脸，什么情绪都往脸上露，让人家把你看得一清二楚。遇事少说话、少表态，脸上不表态不代表内心没想法，想法是给自己琢磨的，不用大声吼出来。

　　由于女性先天的大脑发育过程中，"沟通"和"感性"的区域就比男性大30%，很多场合下，容易激动的往往是女性。而且女性脸皮薄，经不起摔打，一遇困难就自我怀疑。为控制这一弱点，职场中的你，要时时提醒自己：这是公务，需要理智，感性只会坏事，老板花钱买的是你的理性办事能力而不是多愁善感。

　　任何人都可以让自己身边变成天堂，也可能让自己身处地狱。你的想法就是全部，想工作顺利，就情绪高昂地投入、对每个人抱着善意。即使你不可能对所有人微笑，至少不该把私人情绪带进办公场合。现代职场中，几乎每时每刻都会有陷阱、困难、灾祸甚至伤害。

　　如果你还需坚守在职场中，就不能被这些事打击。世上没有解决不了的问题，只有暂时没有解决办法的问题。你的问题一定会有办法解决，眼前的困境一定有办法度过，所以，你需要保持清醒的大脑，抽掉所有的感性，理性地对当前情况做个分析。如果这时身边有合适的人能帮你分析，不妨参考对方的意见。

# 第六章

## 红颜不老，女人味是一股"意味"

　　女人味是一股意味，是神秘的。它动人心弦，不可捉摸，深入骨髓，令人意乱情迷。它没有形状、定势，是润物细无声的诱惑，是若隐若现的美景，是朝思暮想的探究，是以少胜多的智慧。那一举一动、一言一语、一颦一笑，至善至美，可谓：万绿丛中一点红，动人春色不须多。

## 1. 挥金如土，不如找到自己的风格

世界上没有哪个女人会拒绝品牌。如果条件允许，女人一定会将所有的品牌全都买下来。

不可否认，品牌是一种商品身价的标志。它代表一种个性、一种品位、一种潮流。品牌对于女人来说意味着什么？如果尼龙包上没贴着"Prada"的商标，谁会认为那是一只高级名牌包？如果贴上了"Prada"这个代表着名牌的商标，那情况就大不相同了，即使标签上的价格是普通包的几十倍，也会供不应求。

但也有女人不在乎品牌：她们遵循自己的喜好，坚持自己的步调，从不盲目跟流行，任何衣服穿在她们身上都显得高贵优雅。

约翰·琼斯是一家百货商店的服装销售员，对名牌有着异乎寻常的追求，浑身上下都是名牌。虽然她一直享受被人羡慕的快感，但当朋友们得知她那一身名牌的代价是高额的信用卡债务后，纷纷表示无法苟同。

杰瑞丝是某公司的国际贸易部组长，长得非常漂亮，一直都是朋友们的"偶像"。她的生活用品多数都是去国外出差时购买的，在朋友们的眼中，她是品牌的代名词。但实际上，她所有物品都不是很贵，大部分是打折促销商品和廉价的保税商品。为什么杰瑞丝不追求品牌，却达到高于品牌的效果呢？因为她很了解

自己，心里也清楚只要自身价值提高了，自己本身就会成为最好的品牌。

所以，服装的品牌很重要，但却不是最重要的。女人的魅力主要来源于自身价值，而不是身上的名牌商品。因此，要想成为具有独特魅力的女人，首先应提高自身的品牌价值。

巴尔扎克曾在《风俗研究》中这样说："服饰表现的就是人本身，他的政治信仰，他的生活方式。"

也许女人穿衣时所要表达的目的不同：避寒、遮羞、审美、标志等等。但更多表现的都是自身的魅力。为此，有些女人往往不惜花费重金去买，但最后穿在身上后给人的感觉并不一定漂亮。爱美是女人的天性，女人都希望自己比别人漂亮、优雅。现在女人的衣服款式琳琅满目，但要穿出美和自己的味道并不是容易的事。

一件昂贵的貂皮大衣，有的女人穿出了高贵典雅，而有的女人却穿出了俗不可耐。相反，一件廉价衬衫也会被一些女人穿出明星的风范。这就是人与人之间的品位差别。千万不要单纯地认为，衣服越贵越好，越是品牌越有表现力，而忽略了内在的东西。

有人说过："不懂得用衣服表现自己，自己就会变成衣服的奴隶。"女人买衣服时，永远都希望这是自己穿着最漂亮的一件，不管有多贵，喜欢它的女人都会把它买回家。可事实上，真正让女人把自己当初特别在意的衣服穿出去的却很少，理由不过是感觉不适合而已。因此，女人的挥金如土并不一定会换来优雅，更多的时候是要适合自己。

　　有人说："一个没有找到自己风格的女人，感受不到衣服带给她的轻松自在，不能与它们融为一体，这种女人是病态的。"女人的衣柜里永远少一件适合自己的衣服，而不是一件美丽昂贵的衣服。有些女人也经常这样问："为什么那么多衣服却没一件适合我的呢？""那么贵的衣服为什么穿我身上像个傻瓜呢？"这些问题归根结底是买衣服时缺乏理性分析，没有找准自己的位置。

　　现实中，每个女人的职业、身材、肤色、气质等都不同，因而买衣服时，要选择适合自己的。不要一味追求流行，忘了自身的特点。要想穿得时尚，并非要把所有流行的款式都穿身上，而是准确把握流行的主要元素，挑选适合自己的服饰，从而让自己成为当下的时尚达人。

　　女人添置衣服时不要怕麻烦，记得货比三家。除了考虑品牌、质地、色彩、款式等诸多因素外，还要考虑到自己看中的衣服能否和之前的衣服进行合适的搭配。女人买衣最理想的结果是：价钱合适、款式新颖、家中有三件以上的衣服可之与协调搭配。如果，你原有的服装、丝巾、鞋子等都与新购的衣服不协调，就算它品牌再好、效果出色，也要毫不犹豫地放弃。为这件很昂贵的衣服，还要购置与它搭配相协调的其他服饰，就无形中加大了买衣成本。

　　衣服上的搭配细节，可能导致花大价钱却得不到好效果。一个女人，其衣服整体的颜色、款式、主题或是手提包、鞋子以及饰品的风格都决定着整体的水平和品位。不少女人喜欢花高价买奢侈品，然后毫无头绪地堆在自己身上，别人眼里这只能算"阔气"而非真正的美丽。就算一个女人穿细跟高跟鞋和香奈儿服饰，却戴着休闲的韩版帽子，必然让人感觉不伦不类。因此，会搭配也是女人成为焦点的关键所在。

优雅的女人不一定有丰厚的金钱基础，重要的是懂得自己，理解时尚。

## 2. 用颜色传达你的品位

一位色彩专家曾说：女性所穿衣服的颜色可反映出她当时的心情。

如果衣着色彩鲜艳，说明她的心情很好，你可以约她进行一切很high的娱乐活动；如果穿暗淡的色调，说明她情绪稳定，你可以和她一起去那些让人心情平静的地方；如果她爱穿粉色等暖色调的衣服，说明她是个富有包容力和宽容心的女人；如果她见你时穿深蓝色的衣服，可能是想寻找倾诉的对象；如果她大部分的服装都以黑色为基调，则说明她需要倾诉对象或希望得到别人的赞美……

生活中，我们发现当一位女性穿黑色或深色丝袜时，她的腿会显得修长。当她穿暖色调的衣服后，则会显得略胖。尽管说不清这是为什么，色彩依然悄悄地发挥着它独特的魅力。可见只要掌握了色彩秘密，就可用颜色传达你的品位。

"做色彩分析前，我从没尝试过甚至没想过粉色会适合我。

逛商场时，有些颜色的衣服我从不会考虑。分析结果完全颠覆了过去我对色彩的认识，如果没做过分析，我一辈子可能都在乱穿衣，我想每个人都应找到适合自己的颜色。"唯一被色彩权威CMB总部邀请接受色彩顾问培训的中国人——深圳祺馨色彩顾问有限公司总经理刘纪辉女士这样说过。

爱美的女人，是否也遇到这样让人尴尬的事：穿当下流行的衣服，画最时尚的妆容，得到别人的评价却是"气色不好"或是"妆太浓了"。其实，这并不是你不够潮流，而是色彩给你惹"祸"了。

女人想要当好自己的色彩顾问，就要清楚自己的发色、肤色和眼睛的颜色，这三种颜色在美学也被称为"个人色彩季型"。

马克思说过："色彩的感觉是一般美感中最大众化的形式。"每个女人都会有自己的喜欢的色彩，这也女人与生俱来的天性。实际上，凡是女人偏爱的那个色彩，通常情况下也是和自己的气质和肤色相协调的色彩。如果，女人从自己喜欢的颜色出发进行很好的发挥，向类似的颜色延伸，就会很快形成一套和自己协调的色彩体系。这时，你喜欢的色彩就会让你的穿着打扮看起来更有气质。

那么，色彩对于女性着装究竟蕴含着怎样的信息？

色彩可使人的时间感发生混淆，这是它众多的魔力之一。人看红色，会感觉时间比实际长，而看蓝色则感觉时间比实际短。科学家请两人做了一个实验，让其中一人进入有粉红色壁纸、深红色地毯的红色系房间，让另一人进入有蓝色壁纸、蓝色地毯的蓝色系房间。不给他们任何计时器，让他们凭感觉在一小时后从房间中出来。结果，红色系房间中的人在40~50分钟后就出来了，而蓝色系房间中的人在70~80分钟后还没出来。所以如果要进行一次细致的洽谈，最好避免穿红色衣服，选择穿色调柔和的衣服会使对方更舒服一些。如果你要参加记者招待会等隆重场合，那一袭红衣无疑是最吸引眼球的。因为红色属于暖色，也属于膨胀色，可使物体看起来比实际大。如果一位女记者身着红色服饰坐在一群身着暗色调的男记者中间，那她被允许提问的概率一定会更大些。

像红色、橙色和黄色这样的暖色都属于膨胀色，可以将物体放大。而蓝色、蓝绿色等冷色系为收缩色，可以将物体缩小，藏青色、黑色也属其中。搭配服装时，如果下身穿黑色，上身穿其他收缩色的外套，敞开衣襟效果很不错。纵贯全身的黑色线条非常显瘦。需要注意的是，虽然黑色等于苗条，但如果从头到脚一身黑的话，会让人感觉沉重。因此我们主张自由选择适合自己体型肤色的其他色调上衣，会使你的形象更明朗些，展现给对方的是一种朝气灵动的青春形象。

如果你发现同事或客户喜欢穿黑色衣服，那对方很可能是个精明干练的人，当他一袭黑衣出现在你面前时，就已表达了他的理性和智慧。不过，还有一种可能——他是一个喜欢逃避的人。究竟是哪种性情，还需要进一步了解后才能定夺。

同样，如果你的同事喜欢穿白色衣服，那他一定有点理想主义，不管对爱情还是事业都比较挑剔。这样的人还是很好相处的，因为他有一颗温柔、善良的心，而且家庭观念很强。有时有些孤独，如果这时你乘虚而入，很可能谈妥一份大单，不过要是异性的话，小心别掉进爱情的陷阱。

喜欢穿灰色衣服的人大多做事干练、教养良好且知识丰富。他们不会过度兴奋，表现稳重，生活稳稳当当。他们还能巧妙避开人生中的各种障碍，具有超强平衡局面的能力，因而很受欢迎。

一想到红色，人们马上会有热烈活泼的印象。的确如此，他行动力强，是个见风就是雨的人，不过你也要有思想准备，因为喜欢红色的人情绪起伏比较大，一旦发火，后果不堪设想。有时任性，有时还很无礼，但没办法，既然需要打交道，不如提前掌握这些免得到时陷入被动。

有人说，蓝色给人很忧郁的感觉。也有人说，蓝色像宝石，低调华丽。这些特质都能在喜欢穿蓝色衣服的人身上体现。他不仅有很强的团队协调能力，还讲究礼貌，为人谦虚谨慎。看到这里别觉得他样样都好，要知道他要是固执起来，那可是十头牛都拉不回的。

当色彩的色相、明度、纯度三者较为接近时，我们会产生一种柔和的感觉，这种色彩运用被称为调和。这是色彩运用中的常用手法。总之，了解色彩的秘密以及它所传递的心理效用，不但有助于我们得体合理的着装，还可以帮助我们从一个人的服饰颜色中判断她的性格特点，对我们在职场和为人处事方面有着不可忽视的作用。

# 3. 做个食人间烟火的气质美女

很多时候，我们习惯了饭来伸手——饭店里的快餐，让原本真实的生活变得虚假。正常的生活，却没有生活的气息，更让冷淡的城市变得淡漠。因此，女人试着学几道私房菜，就算没有地道的口味，也要有自己的风格。

"做饭，我不会，我是上班的，让同事看到我系着围裙在锅边转多丢人！"很多从小习惯了高质量生活的女性，经常对下厨做饭感到丢人。家中有朋友来做客，大都选择叫外卖或请朋友去饭店吃。

上官荆是父母手心里捧大的孩子，小时候妈妈就告诉她，女人不要什么都懂，关键是要找个会做的老公。爸爸也曾告诉她说："与其自己学做饭，不如找个会做饭的老公来疼自己。"上官荆参加工作后，依然分不清很多调料，更别说做饭了。

一次，同事们来她家玩，中午提议自己做饭吃，女同事们都在厨房里，只有她在等着吃。男同事们问她怎么不帮忙时，她很自然地说："我不会做。"

"那你平时吃什么？"同事很好奇上官荆为何如此理所当然。

"叫外卖啊！"上官荆的形象在男同事心中又降低了一分。

"以后嫁人怎么办？也叫外卖？"

"老公可以做啊，我妈说会做饭的男人很不错。"

那次谈话以后，在男同事眼中，上官荆这样的女人无疑是个生活白痴。

生活中，女人不要认为，不食人间烟火才最有魅力。只要我们还在活在世界上，就难免沾染人间烟火。当女人系着围裙在厨房间忙碌后，端出色香味俱全的饭菜时，这时的女人也是令人赞叹的。

电视剧《青春期撞上更年期》中，白晓鸥虽在学识和气质上都比贺飞儿强，但她不会做饭，甚至连刷碗都不会。也因此，邓家齐最后选择了飞儿，而不是不食人间烟火的她。

所以，女人要有自己的私房菜，就算要做气质美女，也要做个食人间烟火的气质美女。系着围裙做几道可口的菜，不会让女人的气质丢掉半分，反而更有魅力。

孟爽是个爱做饭的女人，如果有时间，她都会自己做饭吃。她觉得这样吃更放心，也更生活化。

那次，老公带了几个客户回家谈事情。当客户们提议到外面吃饭时，孟爽说："如果各位不嫌弃我的手艺，不如中午在家里吃吧，这样更卫生，菜我已买好了。"她的丈夫知道自己妻子的手艺，于是就留下客户们在家里吃饭。孟爽精湛的厨艺和用心的布置，赢得了客户们的一致称赞。

生活中，女人有自己独特的私房菜，不仅能提升生活质量，更让自己的气质具备生活的魅力。因而，不要怕因做饭而弄脏自己白皙的双手。比起厨房里的油烟味，真正有气质的女人，更希望收获他人对自己赞扬羡慕的眼神。

## 4. 学些享受生活的小秘方

当我们对生活充满热情并善于挖掘生活中的乐趣时，你会发现，原来快乐一直就在我们身边。

安洋今年35岁，在一家软件公司担任部门主管。今天是周末，又恰逢他和妻子丛瑞华结婚5周年纪念日，他早打算好晚上和妻子去吃西餐，饭后再听一场音乐会。

可临下班前半小时，王总来电话说有个非常着急的工作一定要当晚处理完。安洋万般不情愿地接受了任务，并且沮丧地给妻子打了电话，说今晚不能去听音乐会了，改天一定补上。妻子虽有些失望，但还是安慰他要踏实加班，认真完成工作。

"终于搞定了！"坐在办公桌前的安洋一下子蹦了起来，然后下意识地看了手表——时针已指向了晚上10点！他迅速收拾好桌上的东西，关掉电脑，夹起公文包匆匆离开办公室。

出了电梯，安洋竟发现妻子就站在眼前，正冲着自己浅浅地微笑。

原来妻子接到他的电话后并未回家，反而到写字楼等他下班，又怕打扰他工作，没有直接上楼，而一直在楼下等。

"好啦，现在开始庆祝我们的结婚纪念日吧！"妻子温暖的笑容让安洋满身的疲惫和加班的怨气一扫而光。他歉意地看着妻子，妻子似乎也看出了他的心思，安慰他说："我知道你很重视今天这个日子，我和你一样。只是加班也难免，老总特意安排你完成这个工作，就证明你在公司越来越受到了重视，应为此高兴才对！我来这等你，今年的结婚纪念日我们就会多出半小时在一起！来吧，用我新发明的方式来庆祝我们的结婚纪念日吧！"

听妻子这么说，安洋感激地把妻子揽入怀中，体会着令人感动的幸福！

这个结婚纪念日，他们没有温馨的烛光，没有丰盛的晚餐，更没有美妙动人的音乐，然而夜风轻拂他们的脸颊。他们在街上嬉笑追闹，石板路上是他们踢踢踏踏的脚步声，夜空中是他们幸福的欢笑声，安洋觉得这是他最难忘的幸福时光。

第二天，安洋面带微笑地向上司报告了加班完成的任务。

他的幸福，也感染了上司："安洋，你做得不错，大周末还让你加班！这样吧，下周给你3天带薪休假，记得你和太太的结婚纪念日就在这几天，陪太太好好庆祝吧！"

"谢谢老总！"安洋按捺不住心头的兴奋，快步走出办公室，迅速拨通了妻子的电话。

生活中不乏安洋妻子这样的女人，虽收入不高，还要操持家务、生儿育女，但幸福似乎总如影随形。其实很多时候，我们觉得生活乏味无趣，是因为太过苛求：总对生活提出太高的要求，不肯接受生活的真实面目。如果我们摆正心态，告诉自己生活本就如此，有苦有甜，我们就会变得充实乐观。

　　要做一个真正的成功女性，不仅多样角色都需周到兼顾，还要不忘进修提升竞争力、懂得打扮，经常保持最佳状态见人，学会调剂生活，不要放过身边唾手可得的快乐催化剂。

　　这里为女性提供享受生活的秘方，愿更多女性朋友做一个内外兼修的优雅女人。

　　（1）快乐记事簿：养成每天写日记的习惯，记下每天的快乐心情，使你快乐的人物和地点，心血来潮时就拿出来重温快乐时光，留住生活中的种种美好，千万别将不愉快的情绪留到明天。

　　（2）到超市购物：试试每逢星期天，到超市采购一番，将冰箱装得满满的，以富足快乐的心情，迎接每星期的第一天。

　　（3）计划一星期的打扮：用相机拍下自己拥有的每双鞋子，贴在鞋盒显眼处，并于星期天安排好下星期的服饰搭配，如此就无须一早起床，为当天要穿哪件衣服而伤脑筋，省下的时间可以不慌不忙地享用美味的早餐、做脸部按摩运动了。

　　（4）善用数字感：习惯数字带给你的兴奋，利用数字带来的推动力让自己慢慢进步，就算今天比昨天只多做了一两下的仰卧起坐，也能带给你小小的快乐与成就感，毕竟一想到今天的自己比昨天更接近目标，那种快乐是无法形容的。

　　（5）找寻最新资讯：每日利用一小时打开电脑浏览喜欢的网站，在吸取知识之余，又可享受比别人早一步发现新知的乐趣。

　　（6）日行一善：不论是扶老婆婆过马路、在公司里帮同事们一点点小忙，还是在办公室制造欢乐气氛，都是好事，这会使你一整天都拥有快乐的好心情。

　　（7）善于利用时间：试着不要在固定时间守在电视机前，不妨将你喜欢的节目预录下来，有空时再播出来看，享受赶走广告的驾驭感。毕竟新时代的女性，有必要成为一位时间管理专家，才能感受到有效善用时间的乐趣。

（8）不同主题的日子：依照你喜欢的方式，为自己精心计划一星期的特定日子，譬如：打球日、逛街日、约会日、睡觉日、学习日，积极快乐地享受每一天。

（9）在家寻宝：你一定有过有时发现家中某种东西不翼而飞，但日子久了也就不了了之。然后无意间一次打扫中，它突然出现在你眼前，那种失而复得的心情真的很开心。定期清理旧东西，让家里窗明几净、空气流通，也有除旧迎新、增加能量的功效。有时也会有不大不小的意外收获。

（10）梦想剪贴图：没有设定目标的人，永远达不到目标。将你的理想、目标视觉化，以图片的方式，剪贴在大卡纸上，有空就拿出来欣赏，图片看多了，可以刺激我们努力地去达成某个目标，让你早日享受梦想成真的满足感。

（11）偶尔节制一下：你一定很怀念小时候等待过年的兴奋心情，因为只有过年时才有足够的压岁钱，可以买心中很想拥有的东西。长大后的我们可以随时买到自己需要的东西，可能已完全不懂珍惜自己拥有的，也忘了什么叫得来不易，不妨训练自己在发薪水的那个星期才购物，平常的日子就感受一下节制的乐趣，找回那份童年的回忆。

（12）早起的乐趣：找一天大清早起床，早睡早起，头脑清醒精神爽，心情自然也会快乐舒畅。试着培养早起一小时的好习惯，不但会多了宝贵的宁静时间和充裕的精力，也一定会爱上那恬静清新的感受。

（13）储蓄乐：买个漂亮的小猪钱箱放在你的办公室桌上，

作为你旅游、买大衣或做善事的基金，每天"喂"它一次，会带给你细水长流的快乐。

（14）养只小宠物：为自己买棵小盆栽或养只小动物，它会使你心情愉快。在你的悉心照顾下，它一天天长大，你将体会到付出得到收获的快乐。

（15）经常保持愉快的心境：女为悦己者容，每天花一小时宠爱自己。每星期定好养颜滋补的时间表——吃燕窝、补品、维生素、做面膜……让自己随时都保持最佳状态，看着自己一天比一天迷人，怎能不心花怒放？但别忘了，再怎样善待自己，最重要的还是常保持愉快的心境，才能收到事半功倍的美容效果。

（16）享受天伦之乐：家人永远是你最重要的精神支柱，好好珍惜、培养和他们的关系，定期为自己安排喜欢的家庭活动。有家人亲切的支持，做事必定更有劲。不跟父母同住的朋友们，平日虽不能常抽空见他们，下班后可别忘了打个电话问候。

（17）享受音乐：辛苦工作后，利用短暂的休息时间，听听自己喜欢的音乐，好好地奖赏自己一番，陶醉在优美的音乐旋律中，就算只有短短十分钟，也能帮你缓解疲劳，带来不可思议的美妙感受。

（18）休假的艺术：不用上班的日子里，你可以过得既浪漫又有效率。如果不想让假日空白，平时就应做好休假的规划，利用周末时间，做平日想做又一直没时间做的事，让自己过一个有价值的丰盛周末。

（19）想象快乐：人类的潜能非常奇妙，好好运用我们的第六感和意志力，乐观进取地想着经过努力带来成功的美好情景，让自己经常有正面的思想，这会在不知不觉中使你越来越接近成功。

（20）爱情的魔力：经常跟爱侣分享生活里点点滴滴的喜悦，在对方沮丧或不开心时给予适当的慰藉与关怀，不但能使彼此间的爱情更加滋养，更可激励彼此不断向上。

（21）不要忘记快乐：乐观的人容易遇上有趣的事。如果常常不开心，可能你已忘了快乐的节奏。只要你常到使自己快乐的地方，再花点心思，留意周围的事物，不难发现一些令人开心的事物。其实快乐无处不在，只是一直被忽略了！你一定听过，笑口常开的人容易青春常驻，别忘了常保持乐观进取的态度，积极快乐地过每一天。

（22）自我增值：定期上不同且对自己有益的兴趣班和训练课程，体验不同领域带来的学习乐趣和成就感，只要忙得充实有意义，你的每一种兴趣也会带给你不同程度的成就感。

## 5. 做感兴趣的事，哪怕你已经80岁

快乐和兴趣是一个人成功的关键因素。聪明的女人会设法将自己的天赋、兴趣、热情与自己职业发展方向结合起来，因为聪明的人知道只有对某个领域感兴趣并充满激情、快乐地工作时，才可能在该领域发挥自己的所有潜能，甚至为它废寝忘食。这时，人已不是为成功而工作，而是为"享受"而工作。因此，各

位女性朋友们，找到自己的兴趣所在并做自己真正感兴趣的事。只有这样你才能找到真正属于自己的人生殿堂。

哈里·莱伯曼先生是位著名的制药专家，80岁才离开顾问岗位真正退休。退休后常到俱乐部下棋，以此消磨时间。

一天，女办事员告诉他，往常那位棋友因身体不适不能前来作陪。看到老人失望的神情，热情的办事员建议他到画室转一圈，还可以试着画几下。

"您说什么，让我作画？"老人哈哈大笑，"我从没摸过画笔。"

"那不要紧，试试看嘛！说不定您会觉得很有意思！"

在女办事员的一再坚持下，哈里·莱伯曼到了画室。过了一会儿，她又跑来看看老人"玩"得是否开心。

"太棒了，老先生！您刚才一定是在骗我！您简直是一位名副其实的画家。"她笑着对老人说。

不过，老人刚才说的全是实话，这确实是他第一次摆弄画笔和颜料，以前从未发现自己有绘画的才能。

提起当年这件往事，老人颇有感慨地说："我开始很不适应退休后的生活，那曾是我一生中最忧郁、最难熬的时光。女办事员给了我很大的鼓舞，从那以后我每天都去画室，从作画中我又找到了生活的乐趣。从事一项力所能及的有意义活动，就会使人感到又投入了朝气蓬勃的新生活。"

后来，绘画对于这位八旬老人来说，已不仅仅是一项单纯的消遣活动了，他对作画产生了浓厚的兴趣。82岁那年，老人去听了绘画课，一所学校专为成年人开办的十周补习课程。这是老人有生以来第一次系统地学习绘画知识。第三周课程结束时，老人直率地抱怨任课教师画家拉里·理弗斯："您给每位学员都讲得耐心细致，对我却从不给予帮助指导，甚至连一句话也不说。这是为什么?"显然，老人有些不高兴了。

"先生，因为您所做的一切，我自己实在赶不上。怎敢妄加指点?"拉里·理弗斯说得情真意切，还自愿出钱买下了老人的一幅作品。

人的潜能有时极其惊人。就这样，不到四年，哈里·莱伯曼的许多作品先后被一些著名收藏家购买，有的甚至被博物馆收藏。

1977年11月，洛杉矶一家颇有名望的艺术品陈列馆举办了第23届画展——哈里·莱伯曼101岁画展。

这位百岁老人笔直地站在入口处，迎候参加开幕仪式的四百多名来宾，其中有画家、收藏家、评论家和新闻记者。老人身材瘦长，脸上皱纹已深，下巴留一撮胡须、头发花白，但精神焕发、衣着整洁，看上去最多80多岁。其作品中表现出的活力，赢得许多参观者的赞叹。美国艺术史学家斯蒂芬·朗斯特里特热情洋溢地赞美道："许多评论家、艺术品收藏家，透过这种热情奔放、明快简洁的艺术，看到了一个大艺术家的不凡手法。"

不要因外在原因而被纳入他人设定的轨道，失掉应属于自己的天地；也别为暂时不清楚自己的兴趣所在而感到迷茫。人生很长，只要勇敢地开拓和尝试，很快就发现自己的兴趣所在，进而将兴趣转化为激情，最后取得成功。

在这里有以下几点建议供大家参考：首先，不要把社会、家人和朋友们认可或看重的事当作自己的爱好；其次，不要单纯地认为有趣的事就是自己的兴趣所在，要用头脑理智地做出判断。例如：大多数人都喜欢玩电脑，但并不意味着所有人都喜欢或有能力从事软件开发工作；第三，不要误认为自己感兴趣的事，就一定在这方面培植天赋，要尽量寻找兴趣和天赋的最佳结合点。如果你的兴趣是模特和唱歌，但结合你身材高挑、五音不全的客观条件，你更适合当一名模特。

当然，有的女人可能会对自己的兴趣所在感到迷茫，其实没必要为此担心。不妨开阔视野，多接触新鲜的领域，以寻找自己的兴趣所在。

# 6. 保留一份如水的纯真

每个女人，都有不为人知的一面。为完成角色的转变，在旅途中奔波，在职场中严谨，在家庭中温柔。每个女人，都会在生活中历练打磨，让自己的个性变得圆润又富有弹性。但无论何时，女人的个性中都该保留一样东西——"纯真"。

有些女人喜欢在爱人面前表现出小鸟依人的样子，偶尔也会撒撒娇，表现出自己可爱的一面。她们以为，这样的单纯和天真就是纯真，可以一辈子如此。事实上，纯真，不是单纯，也不是简单的天真，它是一份真实纯粹的情怀，和年龄经历无关。

太单纯的女人就像一张白纸，未曾经历风雨，对于很多事情看不通透，亦不了解。她们也纯真，但这份纯真不一定会持久。也许在遭受某些变故后，她们会变得不再纯真，甚至会产生自暴自弃的放纵或阅尽世事的沧桑。与这样的女人一起生活，男人会很辛苦，因为生活无常，谁也无法预料下一秒是晴天还是风雨，是晴天还好，她依然可以保持纯真；若是风雨，那么男人就要生活在她的喜怒无常中。

太天真的女人往往沉浸在童话中，多幻想而不切实际，这一特质与年龄经历无关。许多女人已为人妻、人母，却还天真得不可理喻。她们从来就不知道自己想要什么、需要什么，每天生活在梦想里，能做的、会做的，就是逼迫着身边的爱人，要他帮自己去完成梦想，若一时间难以实现，就感觉自己不幸福，吵闹不已，完全像个不谙世事的孩子。与这样的女人生活一起，男人会觉得力不从心，甚至感觉不被理解。

而纯真的女人，在历经很多事后，她们依然用一颗真诚柔软的心对待生活和爱人；依然有一双清澈明亮的眼睛追随着美丽万物；依然对美好的情感充满向往而不怨天尤人。她们深知，世间有太多不完美，有太多丑陋和鄙夷，可这与内心深处那份美好的情怀无关。在生活面前，在爱人眼里，她们永远是一个乐观者。她们会与爱人一起，面对伤痛与挫折，打造美好的未来。

她上过当、受过伤，有过不堪的经历和破碎的生活。但这一切并未磨灭她那颗热爱生活的心。即便在情感处于苦闷、孤独和黑暗中，她依然保持着对爱的信仰。她相信世界依然美好，人心依然璀璨。

当过往彻底成为历史后，她昂首大步地开始了自己的生活。面对浮躁的物质世界，她洁身自好，不随波逐流。她按照自己的意愿，选择喜欢的事，静静等待对的人。终于，她等来了一个懂她、爱她、珍惜她的人。她从未因为过去的经历，变得不再相信爱情，她始终在心里记得一句话：去爱吧，就像从未受到过伤害……

早上醒来，她们能傻傻地、肆无忌惮地笑，就像回到了天真烂漫的孩童时代；她们能完全沉浸于自己的幻想，就像她们在孩提时代常常走神一样。她们清楚"真正的生活"不是整天工作和奔波，她们喜欢对生存保留一种孩子似的天真和好奇。

你可能会说："我也时常想回到儿童时代无忧无虑的时光里，但我有需要照顾的父母公婆，有嗷嗷待哺的孩子，有经济上的烦心事以及其他需要考虑的问题。生活的重担让我喘不过气，怎还有心思早上起来轻松进入笑和幻想的世界？"事实上，你自愿回到儿童般的状态中，像孩子一样开怀大笑、热爱幻想，并不意味着你必须放弃当一个成年人。它仅仅意味着让你更自由自在些，让你摘掉成年人的面具，记住最初那双睁大了的眼睛，并且发自内心地赞叹整个世界以及其中人、事、物。尽情享受当孩子的乐趣吧，孩子气就像大热天里的清凉饮料一样，令人心旷神怡。


小晗在一家广告公司做平面设计，工作非常勤勉，充满幻想的创意也让她颇受老板的赏识，不过她认为这归功于自己的童心。第一次走进她房间的人，都会不由得惊奇，以为走进了小孩的卧室呢！屋不大，没有床，地板上铺了整张软软的海绵垫子，小晗和丈夫以地为床。垫子是海洋蓝的底色，上面的鱼、蟹、海星栩栩如生。早上一睁开眼，仿佛幻想着进行一次海洋旅行。

　　童书《男生贾里女生贾梅》能发行一百多万册的原因之一，在于作家秦文君的脸上常有儿童般的快乐。她爱孩子，孩子爱她，她是一个真正意义上的大孩子，这也是她作品魅力不衰的原因所在。

　　作为女人，无论处于如何艰难的境地，早上起来，你都可以畅快地笑、允许你自己享受有趣的幻想以及精神健康的好处。你可以写下20条你长期以来梦寐以求的事，不论是参加马拉松赛、上电视还是访问。然后划去那些看起来短期内无法实现的幻想。最后你至少会得到一项今天就可以实现的梦想。马上去实现它吧。然后再开始计划第二件最切实可行的事。慢慢地，你就会实现许许多多看来"幼稚可笑"的幻想，而且大部分都会被证明是实实在在的成就。

　　孩童的笑和幻想是世界的原始本色，没有一点功利色彩。就像花儿的绽放、树枝的摇曳、风儿的低鸣、蟋蟀的轻唱。它们听凭内心的召唤，是本性使然。

　　童心是生产乐趣的工厂，治疗忧伤的灵药，流淌幸福的源泉，童心不老的奥妙在于拥有童趣的沃土。一切有生命力的东西，都是童心的驱使。保持一颗单纯而快乐的童心，是自我心理的需要，更是调节心理的良剂。

　　西方谚语说："人类最好的品质都在孩子的身上。"在纷纷扰扰的社会生活中，在工作责任的重重压力下，拾起久违了的童心，你会发现是多么的可贵。

　　不管从前发生过什么，不管眼下正遭遇什么，都别失去内心的纯真。轻轻微笑，忠于自己的内心，跌宕时不忘仍存在的美好，善待爱人，笑对人生。若你有如水的纯真情怀，纵是走到漫天飞雪的寒冬，依然能拥有灿烂的微笑。

# 第七章

## 男人最想得到的女人味：心地善良懂感恩

心地善良是人性的真谛，更是人生最宝贵的品格。女人因善良而美丽，这种美丽体现在朴实、真切、健康向上的情调中。生活中，女人要懂得善良是一种生活方式，而感恩则是一种生活态度。换句话说，有"味"的女人一定懂得感恩，她始终相信生活永远是美好的，能更智慧和充满情趣地对待生活，充满爱心地与人相处，用"女人味"营造更和谐的生存环境，收获更温暖的情感回报。这也是男人最想得到的一种"女人味"！

## 1. 每一次成长的磨难，都是生命的财富

　　和男性相比，女性似乎天生爱幻想。关于这一点，女性对偶像剧和童话剧的痴迷就是最好的证明，不过真实的生活总是现实而残酷。对于绝大多数女人来说，像台湾第一名媛孙芸芸那样含着金汤匙出生的好命运生活，只不过是稀有的偶像剧剧本，现实生活中的好命运女人的成长，往往像蝴蝶一样，在焕发美丽前总要经历痛苦的蛹化过程。现实生活中那些光芒四射的好命运女人，在成就她们当下的美丽人生前，大都经历过了重重的成长磨难。

　　美国心理学家弗兰克·卡德勒曾说："我们都需要催化剂来激活和开启自身因种种原因而关闭的部分。"这个催化剂，就是我们生活中所经历的种种磨难。在女人一生的成长过程中，要经历高低起伏的人生过程，有些女人在磨难中沉沦、怨天尤人，被遇到的困难蹉跎了一生；有的女人将磨难看成成功的催化剂，磨难激发了她们追求幸福的勇气和决心。对女人来说，要想赢得好命运，首先要学会面对磨难。如何面对成长中的磨难，是一门需要学习的课程。全球著名的脱口秀女王奥普拉·温弗瑞，可以说是精通此门课程的杰出女性。

　　奥普拉·温弗瑞是《时代》杂志评选出的"20世纪最具影响力的百位名人"之一，她拥有全美脱口秀节目的最高收视率，她

的粉丝遍布全世界的132个国家。美国《名利场》杂志这样评价她："可以说在大众文化中，奥普拉的影响力，可能除了教皇以外，比任何大学教授、政治家或宗教领袖都大。"如今，奥普拉的名字已成为了黑人女性力量的象征，她坐拥10亿美元的资产，2005年度总收入达2.25亿美元。她成为了第一个登上福布斯富豪榜的黑人女性，在她的读书节目里出现过的书籍，总会一跃成为图书排行榜上的畅销书……

但人们很难想到，这位如今金光闪闪、生活幸福的女人，在过去的人生中，经历了比一般人更多的苦难。奥普拉来自美国南方的贫困地区，她是黑人、非婚生子女，因为动荡的家庭环境，她自小顽劣不堪，她曾进过少管所、遭遇过亲人的性侵犯（导致她14岁生下孩子，但孩子不久后就夭折了）。奥普拉早年的经历里充斥着抽烟、吸毒、酗酒，还有不堪回首的家庭创伤，很难相信，拥有这样经历的女人，怎么能够再拥有好命运?！但奥普拉做到了，从出身寒微的私生女到身价亿万的富豪，从被凌辱的"问题少女"到闻名世界的"金牌主持"，她的故事是典型的美国式传奇，也是女人战胜磨难、赢得好命运的典型例子。

如今，奥普拉不仅是美国最富有的女性之一，也是美国女性的精神领袖，美国人将她称为"心灵女王"。9·11事件后，作为主持人，她在纽约的扬基体育场主持了一个多教派共同参加的仪式。她与参加仪式的各界人士共同站在一起，向世界展示悲剧发生后美国人的团结。通过访谈、音乐和写作，奥普拉谈到了失去与绝望的独特性以及生活中的其他痛苦，探究黑暗的角落与光明的未来。她在自己的杂志中，以《我确实知道的事情》为题写了许多的专栏文章，其中谈到悲伤与快乐、匮乏与满足、普通与奇迹、困境与衰落。

　　奥普拉曾经在不同场合多次提到过"人生就像是一段旅程"。在她看来，人生所有的磨难，包括美国人刻骨铭心的9·11，都是生命旅程中的一部分。但每个人的生命都会创造自己的道路，她也相信，这条道路上所有发生的事情都有原因，如果我们愿意，这些事情就是生命的全部。

　　奥普拉的成长经历就是磨难变成财富的最好说明。奥普拉的童年和少年时期，简直就是典型的"坏命"，这种"坏命"给她带来的最大的磨难就来源于她的家庭。分裂的家庭、亲人间的折磨和伤害，这样的经历存在于许许多多女性的早年生活中。弗兰克·卡德勒曾说："生命中最不幸的一个事实是，我们所遭遇的第一个重大磨难多来自于家庭，而且这种磨难是可以遗传的。"现实生活中，不少哀叹自己命运不济的女人，她们不仅全盘接受了自己不幸的命运，而且在不自觉中传递了这种不幸，这种无法逃避的早年不幸像诅咒一样在她们自己和子女的身上传递，形成了悲剧的循环。

　　但为什么奥普拉没有陷入这个悲剧的循环中？为什么她所经受的磨难最终成为了成就她的动力？原因在于奥普拉接受了她生命中的阴影。"当我们试图忘记自己曾经经历过的磨难时，我们忘记的越多，失去的就越多。作为一个女人，我们就越不完整。"奥普拉做到了这一点：当一个和她有相似经历的嘉宾在她的王牌节目《奥普拉脱口秀》中叙述自己的遭遇时，奥普拉说："我身上也发生过这样的事情。"于是，面对三千万观众，她坦诚了自己生命中最不光彩的事：吸毒、被侵犯、堕胎……那一刻，奥普拉选择和她生命中的磨难同行，她接受了生命中的这些阴影，接受它们成为自己的一部分。于是，神奇的事情发生了，因为磨难，她的生命焕发出了前所未有的光彩。

"磨难是我们生活中的一部分，我们的天赋沉睡在一次次的磨难中，当我们发现它、接受它之后，我们的生命就会苏醒，我们就会从磨难走向光明。"的确，生命对于我们来说是一段旅程，极少数天生好命运的女人在这段旅程开始时就拥有高起点，但这样的起点不能说明好命运就能延续终生。相反，绝大多数的女人一生中要经历重重磨难：奥普拉长相平平、身材欠佳、经历悲惨，却成了千百万女性灵魂的拯救者。痛苦成为了她的老师：她没有一味地沉沦其中，而是从痛苦中汲取了力量，这些痛苦，带给了她生命中最大的财富。

## 2. 可以不做淑女，但一定要做一个得体的女人

一提起淑女，很多人脑海中都会想到那些矜持温婉的女子。她们大多家境殷实，受过良好的教育，举止优雅，谈吐斯文，心地善良，永远都着一身素色的长裙，浅浅地微笑着。

如果你还不知道淑女什么样，你去看看林志玲、赵雅芝的形象就可以了，她们都算是现代淑女的典范。

老祖宗在《诗经》里就早早告诉我们男人喜欢什么样的女人了——"关关雎鸠，在河之洲，窈窕淑女，君子好逑。"窈窕淑女

就是男人喜欢的类型。

每个女孩或多或少，都有过做淑女的梦想。但如果真要求每个女孩都做淑女，恐怕女孩们就要抗议了。吃不出声、笑不露齿的淑女可不是多换几身连衣裙就能练成的。

现在的社会崇尚个性，竞争又很激烈，女孩大都要工作，是职业机器里的一颗螺丝钉，要在房价越来越高的城市里生存下来，活出自己的精彩，想做淑女都很难。

可是，不做淑女并不意味着你可以学"野蛮女友"随时把男人打翻在地，那是电影、电视杜撰的，现实中男人可不是受虐狂。

要想男人对你有好感，你可以不做淑女，但一定要做一个得体的女人。一个举止得体的女人，无论走到哪里，都会受人欢迎和尊敬。同样，举止行为不雅或故作姿态者，必然引人反感。

大方得体会让女人更有魅力。得体的女孩子不会在公共场合扯着嗓子乱叫，更不会讲脏话。也不要以为自己是个娇滴滴的小女生，需要别人无时无刻地照顾，男人会被你的"公主病"吓得敬而远之。

当然，做得体的女人不是要你压抑自己、装出淑女相，而是该活泼时活泼，该庄重时庄重，注意分寸就行了。

大方得体的女人在公共场所看见男朋友陪着别的女人有说有笑迎面走来，一定不会劈头盖脸地质问："她是谁？你们什么关系？"面对这样的状况，你可以轻描淡写地问："亲爱的，这是你的同事吗？介绍一下吧。"这样做既能给他足够的面子，也能表明了自己的地位，给自己足够的自信。

在早已告别了"女子无才便是德"的时代里，女人可以满腹诗书，但切忌卖弄。事业可以有自己独到的见解，不处处依赖男人；但和男人在一起时，千万不要过分强悍，虽然淑女不是好女人的唯一标准，但男人一般都喜欢小鸟依人般惹人怜爱的女人。

当你爱上一个男人时，一定要记得感情是两人的。在打扮他时，也要知道你也是装饰他的一个风景，所以，千万不要忽略了自己的形象。

## 3. 女人的善良是男人温情的源泉

优秀的女人必须是善良的。之所以把善良看得如此重要，因为善良是这个世界上最美好的情操。有人说善良的女人像明矾一样使世界变得澄清。应当说，女人的善良是人类温情的源泉。

世界因有善良女人的支撑而流光溢彩，生活因有善良女人的爱心而花香果甜，历史因有善良的鼎力推动而增了前进的力量。

善良的女人是一道亮丽的风景线，总会给生活旅途中的人们以慰藉和勇气。善良的女人是风雨后横跨天际的虹、是严冬后点染春天的绿，总给世人带来无穷的希望。

美丽，这是一个不同环境不同心理定位的评价词；它没有统一的一致的评价，有人认为女人是打扮而美丽；也有人认为女人是漂亮而美丽。但在任何社会与环境里，华丽打扮的美丽与娇媚容貌的美丽都只是暂时的；而善良的女人总被认为是永远的美丽，因为善良这种美丽是用"心"评出的。

实际生活中也是如此，华丽打扮和娇媚容貌的女人也遇到不少，但很快就淡忘了；而一些善良的女人，却在我脑海里驻留成了永恒的美丽。

看过央视《道德观察》的一期节目——"叫美丽的花枝"：有个叫"花枝"的导游姑娘，带领团队出去旅游。在路上车翻了，危急关头，她安慰大家不要慌，等待救援。救援时间很长，中间她还给大家讲故事，为的是受伤严重者能坚持住。她的腿被死死卡住，但她一直不让先救自己。花枝是最后一个出来的，因为耽搁的时间太长、失血过多，她的一条腿最终没能保住被截肢了。

我们憧憬赞美女人的美丽时，实际是赞美那些善良的女人：善良的女人即使外表不漂亮、不引人注目，但她的一举一动却显示出内心的丰富与深厚；善良的女人还会有很深的涵养，她绝不会斜眼瞧人，也不会在大庭广众下指手画脚，哪怕是你踩到她的脚尖，她也只是轻轻一笑，让你觉得她无比美丽动人；善良的女人是一本书，翻尽所有的智慧，把快乐带给你；善良的女人是一张纸，写下所有的烦恼，把快乐留给你。

当然，善良是女人的优点，没有原则的善良容易纵容别人的缺点；任没有原则的善良放纵，受伤害的就会总是自己——女人，善良有时也是错。

一个女人大学毕业后和同窗师哥结了婚，温柔贤淑的她非常依赖她的丈夫。婚后，他们一直没有小孩。4年后，下海的丈夫有了婚外恋，但她不知道。丈夫以"在一起生活不合适"为由提出离婚，经过痛苦的挣扎，他们最后还是离了。为证明自己有骨气、不是为男人的钱，她没有提任何条件。而当时已有百万家产的男人，只给她留了一套价值几万元的房子。然后男人又结了婚。非常戏剧性的是，男人再婚2年后，居然得了绝症。新妻子与其协议离婚，拿了部分财产出国了。男人的前妻、那个善良的女人知道他得了癌症后，又回到了他的身边。男人对她说他其实很爱她，离婚是因为不想连累她。女人被这些话感动得一塌糊涂。

男人的财产又维持了男人3年的生命，最后守在他身边的女人哭成了泪人。因为女人一直都相信前夫是最爱她的，相信男人的话是真的，所以她认为自己得到了爱情，她是幸福的。这也是她能陪护前夫3年的精神支撑。

男人死后，女人始终不能从怀念的痛苦中自拔，她显得苍老憔悴。同学们都希望她忘记那个虚伪的男人，开始自己的新生活。可女人始终不相信大家说的是真的。为让她忘记过去，几位热心的同学设法找到了男人的第二个妻子，并让两个女人见了面。而那个善良的女人在知道真相后，并没有解脱，她更加沉默，最后竟然精神失常。

的确，很多女人善良的因却没有良好的果，是因为那样的善良缺少智慧的调控，没有清晰的是非方向。或者，其中包含了太多私我，被一种"小我"牵制；抑或那只是女人的一种为人习惯。没有原则的善良习惯，付出的心思越多，得到的苦果越多。

当然，这并不说要让女人去"坏"，去充满心计地处事，更不是说女人要以男人或他人的说法作为评介自己做人的标准，而是希望女人在坚守善良的同时增强判断力，提高综合素质。

在词典上，善良是这样被解释的：形容心地纯洁，没有恶意。就是心要没有杂质。比如你帮了一个人，你觉得那是你力和心所能及且很愉快的事情，即使后果和真相完全出乎你的意料也无所谓。我们接受着别人善良和帮助，我们也会给予别人善良的回报，这样的良性循环起来的生活才充满阳光。

尝试下列事情中的至少一件，你得到的将是任何物质也换不来的快乐和真正的富足：

领养一只被遗弃的小动物：不管是残疾的还是重病的，用你的爱心去照顾一个小生命、资助一个失学的孩子，哪怕每月寄100元，都能让这个孩子感受到社会的爱和温暖。

参加一次慈善活动：义卖、捐款，不要拘泥于形式，关键要参与，让需要的人多一分关爱；

选择一个志愿者组织或活动，积极参加所有的活动，从中体会帮助需要帮助的人所得到的快乐。

另外，马上去做以下事情，让自己变坚强，让别人知道你是善良的，也是坚强、不容欺负的：

当面告诉那个每次都指使你为他做事的人，只要这件事是他自己能做或应是他自己的事，告诉他，这是你最后一次"帮忙"，告诉他"自己的事情自己去做"。

遇到曾经欺骗自己的人，毫不客气地指出对方的招数，还要让身边的人都知道这人的所作所为。必要时，向有关部门揭发，保护自己不受伤害，也保护身边人。

告诉屡次欺负你、从不承认自己有错的男人，鄙视他的行为，然后主动离开他，不做"林妹妹"；

告诉所谓的"朋友"，你不会再包庇她，不会再帮她隐瞒错误的事，不做"帮凶"。

## 4. 懂得感恩的女人最幸福

作为女人，在节奏飞快、竞争激烈的社会中，活得不轻松。有的女人将美丽作为自己的资本，然岁月的风刀霜剑很快会让她韶华逝去。况且，一个没有内涵的花瓶女得不到别人真正的尊重。有的女人则为事业奔波忙碌，失去生活中的优雅自如。个人、家庭、事业间的平衡，对于很多女人来说是一道解不开的谜题……

为何一有缺憾就非得去弥补呢？恰恰因为过于贪婪，希望能拥有世界上所有美好的东西。后来才发现，其实正因为那些缺憾，未来才有无限的转机和可能。基督教有感恩节，那原本是感谢神的，由此延伸到尘世间的感恩。中国没有类似的节日，但我们每个人都应学会感恩。

生活中，人与人的关系最微妙不过了。对于别人的好意或帮助，如果你感受不到或冷漠处之，便会生出种种怨恨和隔阂。经常想一想：你在工作中觉得轻松了，说不定有人在为你负重；你在享受生活赐予的甜蜜时，说不定有人在为你付出辛劳……生活在社会大群体里，总有人为你担心，替你着想。享受着感情雨露的人们不要做"马大哈"：只有长存感激之心，才会使人际关系更加和谐，生活更加幸福。

"情"充斥着女人的一生：童年的女孩，体验快乐。花一样的女孩，被关心着、呵护着，只一味地向父母索取着他们对她的爱，不会想着如何感激和报答。那时的女孩，体验着纯粹的快乐。

渐渐地，女孩长大了，成为亭亭玉立的大姑娘了。这时，女孩儿开始体验紧张。交朋结友是那个年龄的转折，"近朱者赤，近墨者黑"，父母们的声音日复一日地在耳边机械地回荡，于是知道了这是身心发展的重要阶段。那时的女孩，体验着最难忘的紧张。

不久，女孩迷路了，在那条布满荆棘的路途上，遗失了宝贵的青春。二十几岁时，即使不做什么事，也不会遭到白眼，做错了什么也能轻而易举被原谅。但中间的路途遥远，女孩已不记得了。毕竟，这阶段的女孩是要经历失败、哭泣和摔倒的。一旦过了这个年龄，年轻、财富、朋友、美貌……一切都会变得越来越遥远。这时才开始恍然大悟，现实的生活只有强者才能存活。那时的女孩，体验了生活的残酷。

成为人母后，女人终于明白了：幸福的童年是父母给的，丰富的知识是老师给的，愉悦的笑声是朋友给的。体验了人生，还应尝试着体验感恩。

人的一生，应该用一颗感恩的心对待。对父母要感恩，因为他们给予我们生命，让我们健康成长。对师长要感恩，因为他们给了我们教诲，让我们懂得思考。对朋友要感恩，因为他们给了我们友爱，让我们在孤寂时看到希望和阳光。不论是谁，都应学会感恩，心存感恩。

经常听到女人抱怨："他结婚以后就变心了，成了花心萝卜。""男人都是变色龙，翻脸比翻书还快，恋爱时的甜蜜正如潮水般退去。"

现代婚姻之所以平淡，是因为我们丢失了一种叫"感恩"的东西，为事业、家庭身心疲惫，在忙碌中迷失自我。一句"谢谢"或"对不起"也变得那么吝啬和呆板。如今，我们的房子变大了，家庭却变小了；便利设施增加了，时间却不够用了；我们的收入和财富积累迅速增加，真正得到的快乐却有限，内心的世界反而日益空虚。生活消磨掉婚姻的激情并不可怕，可怕的是我们没有了表达感动心情的意愿。

爱是人世间最美丽的语言：它没有华丽的外表、动听的语言，却可以表达最真实的情感。有了爱，就有了欢乐；有了爱，就有了幸福；有了爱，就有了生命中最美丽的风景。女人天生就是爱的俘虏，爱让女人看起来更有女人味。

爱心最能体现女人的本性，这是由女人作为母亲和妻子的身份决定的。

女人因充满爱心而美丽，因充满爱心而受到尊敬。

许多成功女人，自身优越感很强，对于弱者不屑一顾。但其实在弱者的眼中，这种女人不是女强人，而是女恶人。人情冷漠其实是女人浅薄的表现。人与人之间本来是平等的，只不过个人的能力有大小，造成个人境遇的不同，因此在很大程度上带有一种偶然性。对于聪明的女人来说，她们总以一种虚怀若谷的态度对待她所接触的任何人，在她们身上看到的是种种充满爱心的举动。她们的一言一行都会受到人们的赞扬和仰慕。

斯普兰妮女士曾说："女性的内在价值是通过多方面体现出来的。事业仅是价值的一部分，更多的是体现关心弱者的爱心。"

女人天生充满爱心，对弱者的不幸会给予深切的同情，这也是她们很有人情味的表现。但随着社会的发展，女人的价值观、道德观发生了很大的变化，许多传统美德正逐渐消失。所以，怎样把传统美德发扬下去、怎样使自己富有爱心和同情心等问题，值得女人思考。

## 5. 乐观是女性不可抵挡的魅力

有人说，世界有十分美丽，但如果没有女人，将失掉七分色彩；女人的美丽体现在乐观。但如果是个愁肠百结、愁眉不展的女人，就会失掉七分内蕴，乐观的女人是美丽的。

一个乐观的女人，不管在什么样的生活状态下，都保持着一张笑若春风的脸。她的心灵质量是丰厚的，充满着阳光般的温情。她心里根本不存在"绝望"、"无奈"、"痛苦"、"忧愤"等带有消极思想的字眼。她深信"面包会有的"，"一切都会好起来的"，"明天将是崭新的一天"。

女人的乐观会渗透到日常生活中的每个角落，她超凡脱俗的谈吐，有一种不同于世俗的韵味，她积极向上的思想，有一种任何困难都不在话下的风度。乐观给予女人一种气质，这种气质让生命开出炫目的花朵，绽开在人生自信的枝头，随四季轮回，花开不败，香袭魂魄。乐观的性格赋予了女人一种力量，这种力量像水一样柔软，像风一样有力。

当然，乐观的性格绝不是一朝一夕形成的，它要求我们平时多读书，增加知识的积累才能逐渐提高自己的修养。一个魅力女人不会把精力浪费在埋怨生活的不公上，而是把精力用在工作和如何提高生活质量上。

华裔女性钟彬娴从1999年起担任雅芳全球首席执行官。7年中，她赋予雅芳新的生命：不但使产品研制生产、包装设计、广告宣传有了全方位的突破，而且还改变了雅芳沿袭上百年的销售模式，使这个拥有114年历史的品牌焕发新的风采和魅力，因此她被《财富》誉为"近年来无论是男性还是女性最成功的CEO之一"。

作为众人关注的女性，钟彬娴在世界许多国家奔波往返，加班加点的工作是常有的事。现在，已与丈夫分居的她，在繁忙的工作之余，还承担着教育一双未成年的儿女的责任。面对来自工作和家庭的双重负担，她从不抱怨，始终以乐观的心态迎接每一天，多年来，她以旺盛的精力打理公司，用一颗充满母爱亲情的心教育子女，还利用业余时间坚持学习。

岁月不留痕，无论生活中经历多少磨难，钟彬娴永远以微笑面对世人。

这就是乐观的女人：心地纯净、积极向上、崇尚知识，热爱生活和工作，让人感叹她作为职业女性的美丽和魅力。反之，如果一个容颜姣好的女人，整天垂头丧气，唉声叹气像个怨妇，她与魅力何干？唯有心情愉快，一脸朝气与活力，才能给人一种美的享受，才能让人感觉到你的魅力。

在一般人的观念中，总认为保养、装扮、训练等可以提升女性魅力，甚至认为这些就是女性魅力之本。但事实是，这些只是塑造女性魅力的技术性手段和方法。任何有魅力的女人，她必定是乐观的，因为乐观是最好的美容师。

因此，就像女人美丽的容貌、头发、身段要靠内养一样，女人的魅力更需要天长日久的刻意培养——首先问问自己可有一颗乐观向上的心；是否还在为人生的目标锲而不舍地追求；是否常常对他人施与关爱和援助；是否爱名川、爱大山、珍惜自然；是否能不断发现平凡生活中的一切美丽。


韩国电视台访谈节目主持人朴赞淑，不算漂亮且不年轻，但靠语言、性格、智慧、才华的魅力，她的节目收视率很高，她也被人们冠以"韩国头号主持人"的称号。

从年轻的播音员到现在的知名主持人，时间跨度近半个世纪，虽间隔了这么长时间，但朴赞淑依然受到观众的普遍欢迎。在韩国，广播节目的女主持人最佳年龄段在20~30岁之间。上年纪后，虽经历丰富、风格成熟了，却难得到观众的认同，最终被年轻的主持人挤下去。而朴赞淑是唯一打破这一规律的女主持人——随着年龄的增长，她的影响力越来越大。

现在的朴赞淑，虽年近古稀，但她的声音还是那么悦耳动听，皮肤还是那么光滑细嫩。电视上她那翩翩的风度和粲然的脸庞，可谓风采依旧。

屏幕上的朴赞淑，虽已不再年轻，但言谈举止间，却透出了独有的魅力。脸上那抹动人的温柔，使她看上去那么年轻美丽：一个温柔的眼神，一个温柔的手势，一句温柔的话语，一个温柔的动作……都把她的女性美演绎到极致。这就是乐观的魅力，她给人一种温柔的动力，即使遇到生活中的坎坷，也能召唤你鼓起生活的勇气。即使你青春不再，也能保持美丽的容颜，焕发女性永久的魅力。

对于爱美的女性来说，无论她们愿意与否，总有一日，美丽的容颜将随年龄的增大而失去，就像开在春风中的百花，随着季节的变换而凋谢，在飞逝的日子里，年轻生命中那些灿烂的瞬间也随时光变成模糊的影像。女性唯一可以永久把握的就是一种温柔。温柔没有年纪，她永远是年轻的！

因此，当我们遇到困难和挫折时，不要悲观失望，因为悲观失望于事无补，而要保持乐观的态度，运用逆向思维，把遇到的挫折看成为自己积累经验的大好时机，变危难为动力，淡薄得失之心，多一份对生活的珍惜。

始终保持乐观的心态，快乐的心境是青春永驻的最好良药，它比最高级的化妆品都管用。

快乐是心境：我们不能改变周遭的环境，不能改变别人的想法，但可以改变自己的心境，保持积极乐观的人生态度。简单快乐，会使你一直保持心境开朗，你也会越来越美丽。

现代社会中，女人和男人一样，要承受着来自生活和工作两方面的压力。工作上，要培养自己乐观的态度，并且工作时要表现出你的乐观心态，笑口常开，要知道一张拉长了的消极面孔会让周遭所有的人都感到疲惫！当你凡事都以乐观的心态去面对时，你会惊讶地发现，无论多大的困难都不可怕，世界原来竟那么美好，我们的生活处处充满阳光。

一种积极健康的生活态度能造就一个人的人格魅力，一个具有人格魅力的人才能永葆青春活力，做个真正的美丽女人，要从乐观的心态开始做起。

## 6. 懂得倾听，善解人意

有句话说得好："上帝给我们两只耳朵，一张嘴巴，就是希望我们能多听少说。"在人际交往中，倾听是对别人的尊重和关注。专心地听别人讲话，是你所能给予别人的最有效的，也是最好的恭维。

一个善于倾听的女人无论走到哪都会受到欢迎，一个不善于倾听的女人则可能到处碰壁。虽然，我们都懂得这一道理，可现实中，却并不是人人都能受欢迎。

这是因为，人们总是认为自己的声音是最重要的、最动听的，并且人人都有迫不及待表达自己的愿望。在这种情况下，一个好的倾听者自然会成为最受欢迎的人。有人说，上帝给我们两只耳朵，一张嘴巴，就是希望我们能多听少说。可是通常情况下，并不是人人都能理解这一点，能理解这一点也不一定能做到这一点。

美惠大学毕业后，被分配到某旅游景区上班。在学校时美惠读的文秘专业，对旅游业十分陌生。

刚去景区报到，县旅游局局长语重心长地对美惠说："你刚毕业，在学校发表了不少文章，到景区后可以发挥你的专长，多为景区发展提提点子，多写些旅游宣传管理方面的文章。同时要虚心学习，不懂的地方要多请教领导、同事。做到多听，多学，多思考，多做事，只有这样才能有所进步。"

当时，旅游开发在山区县城刚刚起步。县旅游局成立接待站对景区进行管理。接待站站长姓廖。为使美惠能尽快适应景区管理，她被廖站长安排到票务部工作。那时，景区管理范围不大，前来参观的游客也不多。每天早晨，美惠的任务是打扫卫生，然后开始上班。廖站长每天会到票务部检查工作。他是个热情的人，也是个善谈的人。每当别人遇到困难时，他总及时帮忙解决。但他也有缺点。有时交办一件事情，本来三言两语就可以说完的，他却要仔细地交代，生怕别人不清楚。对待下属比较严厉。廖站长最大的缺点是固执。对一件事的看法，如果有人和他意见相左，即使自己的观点是错误的，也要和人争个高低，死不认输。所以在单位里，能和站长相处和睦的人很少。

但美惠和廖站长却能相处得很好，站长对她也很信任。原因很简单，美惠尊重他，多听多做少评论。每当站长谈论时，美惠总是认真地听他讲话，从不插话。在他谈论过程中，了解他的观点意图。然后按照他的意图，努力把事情做好。如果他安排的任务确实无法落实的，美惠一般都不急于表态，等他冷静后才单独和他交谈，使他改变自己的观点。尤其有他人在场时，更不和他争执，提出反对意见。美惠非常清楚一个道理——每个领导都有自尊，当你让领导下不了台时，你做得再好，领导也会对你有看法。

在后来的工作中，美惠接触了几任景区领导，也深得他们信任，重要原因之一在于她认真倾听。同时她在倾听中也学到了很多知识和做人的道理。由于美惠工作出色，加上深得上级的喜爱和信赖，不多久，她就被调到了省旅游局做接待处处长了。

美惠作为一个年轻美丽的女性，去一个陌生的环境，却没有一般年轻女孩的骄狂和任性，而是懂得放低姿态，虚心学习，冷静处事，更多时是做一个倾听者。这样的交际方式，使她得到了比别人更多的锻炼和升迁机会。

可见，认真倾听是增进领导信任的催化剂。当一个人学会倾听时，她的心胸也变得宽广，脚下的路也越走越宽。

当然倾听的好处还有很多：首先，倾听可以解除他人的压力。当人有了心理负担和心理疾病时，总愿意把自己心中的烦恼向一个好的倾听者诉说，以寻求解脱的办法。而这时倾听者对倾诉方表示出体谅的心情，比如说适当的插入"我理解你的心情，要是我，我也会这样"之类的话语，这样一来，对方会感到你对他心情的理解，你们的交谈就能融洽地进行，你的劝告也容易生效。

倾听是一个信息收集的过程，它可以让我们学到更多的东西，更好地了解人和事，使自己变得更聪明。

懂得倾听的人，不仅容易交到朋友，也有助于了解真相，充实自己。当然，倾听也不是一件容易的事，因为不仅要控制自己的表达欲望，还要表现得对别人的述说感兴趣。以下是处于交往中的女性要掌握的倾听的技巧：

（1）要有良好的精神状态

良好的精神状态是倾听质量的重要前提，如果沟通的一方萎靡不振，是不会取得良好倾听效果的，它只能使沟通质量大打折扣。要努力维持大脑的警觉，而保持身体警觉则有助于使大脑处于兴奋状态。专心地倾听不仅要求有健康的体质，而且要使躯干、四肢和头部处于适当的位置。

（2）及时用动作和表情给予呼应

谈话时，应善于运用自己的姿态、表情、插入语和感叹词。诸如：微笑、点头等，都会使谈话更加的融洽。切忌左顾右盼、心不在焉，或不时地看手表、看窗外、伸懒腰等表示无可奈何的动作。

（3）使用开放性动作

开放性动作是一种信息传递方式，代表着接受、容纳、兴趣与信任。这会让说话者感到你已做好准备积极适应他的思路，理解他所说的话，并给出及时的回应。它传达给他人的是一种肯定、信任、关心乃至鼓励的信息。

（4）必要的沉默

沉默是人际交往中的一种手段，它看似一种状态，实际蕴含着丰富的信息，它就像乐谱上的休止符，运用得当，则含义无穷，真正可以达到"无声胜有声"的效果。但沉默一定要运用得体，不可不分场合，故作高深而滥用沉默。而且，沉默一定要与语言相辅相成，才能获得最佳的效果。

（5）适时适度的提问

适时适度地提出问题是一种倾听的方法，它能给讲话者以鼓励，有助于双方的相互沟通。

（6）不要随便打断别人讲话，要有耐心

有些人的说话内容很多，或由于情绪激动等原因语言表达零散甚至混乱，遇到这种情况你应耐心听完他的叙述。即使有些内容是你不想听的，也要耐心听完。在他人说完后，你完全可以反驳或表示不同观点。但千万不要在别人没表达完自己的意思时，随意地打断对方的话语。当别人流畅地谈话时，随便插话打岔，改变说话人的思路和话题或任意发表评论，都被认为是没有教养的不礼貌行为。

聪明的女人是会倾听的女人。善于倾听，会使你在社交场合成为一个受欢迎的人，在人际交往中成为一个沟通高手。想要别人关注你，你就得先关注别人。问别人喜欢回答的问题，鼓励他人谈论自己及他所取得的成就。尤其不要忘记与你谈话的人，他对他自己的一切，比对你的问题要感兴趣得多。

# 第八章

# 男人最逃不掉的女人味：揣着明白装糊涂

　　生活中，我们时常能听到有人说：聪明女人人人爱！但事实证明太过聪明的女人并不受男人的喜欢。聪明的女人要学会做到"小事装糊涂，大事讲原则"。真正聪明的女人，懂得一生中有很多时候要"揣着明白装糊涂"，懂得把生活经营到无为的境界。那是一种明了一切不点破的微笑。女人"揣着明白装糊涂"实际是聪明的体现，这样也会显出你可爱的内秀之美，更是一种"女人味"的释放，传递着女人的气息，也是女性追求自我的一种境界。

# 1. 婚前婚后不能总做 "公主"

婚前的女人都喜欢到处旅行、穿漂亮的衣服、买各种各样的饰品，看着男人手中的钞票一点点满足自己的虚荣与浪漫，她觉得那才是爱情。女人婚前都喜欢让男人陪她逛街、吃饭，不高兴就耍公主脾气，甚至两三天不理男人。

结婚后的女人就会被生活拉回现实，婚前那些憧憬就会变成煮饭、洗衣、带孩子这些柴米油盐的琐事。婚前婚后都想做公主的女人其实是个十足的 "笨女人"。

林可跟男友恋爱时，男友对她百依百顺，她要什么他就给什么，她要往东，他绝不会往西，可以说对她宠爱到了极致，她就是古代皇宫里的公主，他就是她忠实的奴仆。两年的恋爱之旅，让林可尝尽了无数的甜蜜，也享尽了公主般的待遇。

就在这顺风顺水的恋爱进行时刻，林可无意中翻看男友电脑文件，看到他与前任女友甜蜜的合照。这下可好，一石激起千层浪，林可无比愤怒：她觉得男友欺骗了她的感情，无论男友怎么劝说她，她都毅然决然要跟男友分手。

最后，男友跪下求林可，才算了结。林可觉得自己的脾气越来越大，稍有一点不顺心，就在男友面前闹个不停。而男友一味顺从，让林可变得越来越有恃无恐。

两人顺理成章地结婚了。但让林可始料未及的是，结婚后老公对自己的态度竟发生了天翻地覆的变化。两人去海南旅游，势必会带一些洗漱用的生活用品。一路上，老公让林可跟他提着这些"累赘"，这让林可心里大为不快。她心想，以前他从来不会让自己受一点累，怎么现在这样对我。老公看出林可的不快："我累垮了，谁来照顾你？再说，我是你的老公，不是你的奴隶，你要学会帮我分担。"林可本想跟老公哭闹，无奈飞机不等人，林可只好委屈地拿过包跟在老公身后。有时林可自己也在想，难道这就是一个女孩从恋爱到结婚的必然转变？

现实生活中如林可一样的笨女人实在太多，说她们笨，原因在于她们总把恋爱和婚姻当成一回事。其实，恋爱和婚姻根本是两回事。恋爱时可以不着边际的浪漫，说一些让自己都感动的甜蜜话语，梦想着王子公主般的爱情童话。然而结了婚，你就要懂得柴米油盐的琐碎，懂得婚姻所承载的责任，学会互相体谅与宽容。恋爱时注重浪漫的感觉和情调，结了婚就要讲求实用与舒适。

恋爱时，他对你言听计从，一切都按你的意愿来，是因为恋爱的激情还没消退，他对你充满了无限向往，你就是他追逐的"猎物"，而他为征服你的心，为最终能把你娶到手，哪怕上刀山，下火海也愿意。

其实静下心来想一想，所有一切不过是被爱冲昏了头。当两人真的结婚了，你就是他的囊中物，曾经爱恋的激情已不复存在，剩下的就是平淡、琐碎的生活。这时老公不再对你千依百顺，也是很正常的。

结婚后，作为妻子，最好不要再把自己当成一个公主，要知道，你已为人妻、将为人母，你要学会与丈夫共同分担责任和义务，学会体贴自己的丈夫，不要再动辄就耍大小姐的脾气和性子。

婚后的老公也会因责任而感到生活的压力，此时你应作为老公的贤内助，而不是捣蛋鬼。只有这样，才能让老公在婚后更爱你而不是远离你。如果婚后你还一如既往期待着得到老公如侍奉公主般的宠爱，最后失望到抓狂的也只有自己。

女人们，好好衡量一下婚姻对你的重要性，不要再把自己当成大小姐了。等有一天你生了宝宝，难道也要跟宝宝一样哭闹不成？要想得到老公一如既往的宠爱，就要学会为老公多想想，学会向老公撒娇而不是哭闹，在他面前做一些让他感动的事，他不宠你都说不过去。

## 2. 必要时睁一只眼闭一只眼

聪明的傻女人，凡事看得开，却不点破；遇事想得深，却不深究。聪明的傻女人，傻的是外表，聪明的是心灵。

身为女人，不免有诸般感叹：做人难，做女人难，做个好女人更是难上加难！的确，女人如果表现得太过精明，机关算尽，不由得令人敬而远之；如果表现得木讷迟滞，索然无味却也会让人退避三舍。傻与聪明往往只有一步之遥，而心灵和外表却相差万里。所以，选择做一个聪明的傻女人绝非易事，它考验的是女人的悟性、胸襟和修养。

萍儿是个温雅贤淑的妻子，她爱丈夫和孩子，为他们忙碌操劳，这让她觉得是莫大的幸福。

也许男人都有一颗艳遇的心吧。结婚六年，孩子四岁，他们的感情不温不火。但近来萍儿总感到丈夫表现异常：以前从不注重外表的他，现在每天上班前，都要精心收拾一番。原本一周系同一条领带的习惯，变成了每天系不同的领带。衣服上也总散发着淡淡的异香。每晚回家的时间，也一天一天地向后推移，对此丈夫的解释总是一句——应酬太多。

看着这些变化，萍儿觉察到自己最不想发生的事情发生了。她沉默着不想追问和调查，只是静静看着丈夫那张日日晚归却神采飞扬的脸。

下午下班时，丈夫打来电话："晚上要陪上司去接待几个客户，会回来得晚一点，不要等我吃晚饭了。"然而，晚上9点，电话响起，线那端是丈夫的上司，有事要找他，说他的手机打不通。听到这些，萍儿心头一沉，略略迟疑后，她缓缓地回道："他现在不在家，手机可能没电了，等他回家我让他再回复您。"

放下电话，萍儿愣在原地。她一遍遍地拨丈夫的手机号，里面传出的"对不起，您呼叫的用户忙，请稍后再拨"令她心如刀割。深夜，丈夫悄然回来。灯下，萍儿给他倒了一杯茶后，对他说："你的上司晚上来电话找你，说你的手机打不通，我想是没电了，他让你回来给他回电话。"

话毕，萍儿起身准备睡了，留下丈夫独自坐在沙发上发呆。

一会儿，丈夫走入卧室突然发起了脾气，走来走去地述说着自己的辛劳。听着丈夫的埋怨，萍儿内心酸楚却不再多言。

第二天，丈夫回家很早，支支吾吾地向萍儿道歉说自己昨晚不该发火。萍儿微笑："我从没怪罪你，谁没有错的时候？旧事就不要再提了。"丈夫听后更显得局促不安了。

日子一天天地过着，萍儿像什么都没发生过一如既往为丈夫、孩子忙碌着。而丈夫每天下班就回家，再也没有什么应酬了。

有一天，她收到了一封邮件，是丈夫写的，洋洋洒洒数千言——他请求萍儿的宽恕。

萍儿读了信，禁不住泪流满面……

漫长的生命旅途中，两个人相遇不容易，能成为同眠共枕的夫妻更不易。有时候，也许只能用宽容和谅解才能使自己释怀。

不难发现，聪明的傻女人依靠自己外表的傻气，用"随风潜入夜"的方式，在不知不觉中给男人一个"润物细无声"的深刻教诲，同时，她不但用傻气保全了自己和老公的面子，更用聪明挽回了婚姻的幸福。

聪明的傻女人，在情感上不但懂得用傻气来维护自己的婚姻。在生活中，她们也要比常人更加懂得人生的哲学：

当老公深夜应酬未归时，聪明的"傻"女人会柔言细语地打电话："老公，我忘拿钥匙了，现在在朋友家。本想早点给你打电话，可想到你才在外面玩了一会儿，所以等到现在才打。朋友瞌睡得上下眼皮直打架。我不好意思再赖在她家了！"

与人相处时，聪明的"傻"女人懂得如何保持适当的距离：人与人之间太过亲密，反而矛盾更多。所以睁一只眼闭一只眼——"常记住别人对自己的好，忘记自己对别人的好。"毕竟有些事，难得糊涂。若一旦点明，便失了颜面。所以，宁忽略不自扰。大智若愚能使许多难题迎刃而解。

聪明的傻女人，面对出了问题"装疯卖傻"的丈夫，她们从来不是斥责，而是巧妙地化解危机。面对人际交往中的矛盾，她们不会主动挑起事端，像计算机里的木马病毒，时时发作，她们总是记住别人的优点，忘记别人的缺点，所以她们能享受幸福的婚姻和快乐的生活。

## 3. 信任比真相更重要

人们走进围城时，无不渴望自己的婚姻完美持久。可现代人的婚姻却越来越像瓷器——精美而脆弱，不小心就摔得粉碎。目睹破碎的婚姻越多，对婚姻就越没信心。对婚姻越没信心，越容易导致婚姻的终结。怎样才能得到幸福的婚姻呢？

信任是幸福婚姻的前提，也是幸福婚姻的基础。夫妻间一旦缺少了基本的信任，家庭裂痕也就出现了。所以，夫妻双方一定要相互信任，有时信任比真相更重要，女人，你要适当地"装"不知道才好！

妻子收到了一条短信，丈夫想，是谁发来的？妻子与老同学聚会，丈夫怀疑妻子精神出轨；丈夫晚回来几小时，妻子怀疑丈夫在外面有了情人；妻子老家来人，丈夫怀疑妻子偷偷地给老家人钱；妻子与前男友见面，丈夫怀疑旧情复燃；丈夫出差在外，妻子怀疑丈夫行为不轨……

曾记得一位女作家说过这样一句话：信任是心灵相通的桥梁，是家庭稳定的纽带，是化恶为善的基石。

信任是生活的基本态度。同样，在婚姻关系中，你们首先要信任配偶是忠诚的、是爱自己的。信任，可以让你永远保持清醒的头脑，免受外来因素的干扰与侵袭，同时也充分保障着婚姻的稳固坚实。

试想，夫妻间如果连最根本的信任都不存在了，还谈得上什么真爱？没有真爱的婚姻又怎会稳固？信任是基石，宽容是相处之道，猜疑只会损害婚姻。在婚姻中，信任是一棵树，它需要你为它疗伤、浇水……需要你精心爱护才能越长越大。而你的努力所得的回报，就是爱情的花朵和幸福的果实。

有个女人深爱自己的丈夫，除了上班，她一分钟也不愿意丈夫离开自己的身边。她的丈夫说："我如果在同楼的朋友处聊上20分钟，她就会来拉我回家。我如果和其他女性说3句话，她就会哭3个小时。"这位妻子则说："只要他不在我眼前，我就会特别担心。我会想象他和别的女人在一起。如果他说找朋友一起去踢球，我就怕他骗我。他说让我信任他，我也真的想信任他。我知道他爱我，我也从来没发现过他对我说假话，但我就是摆脱不了担心。你不知道，当我看到他与来访的女同学谈得那么高兴，我心里有多难过。"

信任像一棵树，嫉妒就是这棵树的伤病。有的伤是在树的根上，也就是说，有些人不信任配偶是因为自己性格中的缺陷。这是一些不自信的人，他们总觉得自己不如爱人有魅力，不如爱人聪明能干，不如爱人有名声，因而他们总担心爱人会成为仅是"我爱的人"，而不再是"爱我的人"。还有一些是占有欲强的人，他们认为爱人是自己所有，爱人的所有生活都应是为自己的。前一种的伤较好医治，只要告诉自己"他和我结婚就说明我值得他爱"，就可使受伤的树根复壮。而后种伤医治起来则比较困难，必须脱胎换骨。

如果婚姻中的男女都理解相互信任的重要性，学会不随意对对方起疑心，多一些信任，多给对方一些空间，懂得给对方空间就等于给自己自由，给予别人信任就等于自信和豁达等道理，就会让婚姻得到很好的保护。

不要盘问太多，也不要猜测太多，把怀疑对方、过分紧张对方的时间，用在提升自己身上。

爱他，就要信任他，给予适当的爱，也尊重对方有个性，尊重每个人的心灵空间。夫妻之间哪怕再亲密，也要给对方留一片自留地。换一种角度思考，懂得信任是爱情永恒的主题。要知道，爱情的牢固，有时仅仅是因为信任。

首先，相互了解，不要故意隐瞒。

"亲爱的，你的月收入有多少？"

每当问到这，他都是那套话："这怎么说呢？又不是挣工资的，有时赔有时赚，没固定的数。"

"那大概是多少？"

"哪有大概，现在我是负收入。"梅觉得，既然丈夫不爱说明收入状况，她也就懒得问了。

"老婆，我觉得你该把私房钱给我，我们是一体的，钱就放在一起花吧。"听到这话，梅气得半死。"你不会还想要花我的钱吧？"

"什么你的我的，都是为了家嘛。最近公司需要投入很多资金，我想你也该承担点家用。"

"我没有存款，唯一那点已当嫁妆给你了。"

老公的脸色变得难看起来："你真是太不理解我了。每月的人工、房租等开销最少8万，这几个月又是淡季，怎么就不能帮我减轻负担？"梅一字一句："我真的没有。"

他们结婚的原因应是相爱吧，但双方隐瞒的经济状况却成了最大的隔阂，让彼此不满。她从没想过要侵吞他的财产，只觉得他对自己的隐瞒是建立在某种不信任的基础上。如果这样，他们为什么结婚，她想不通。他也希望自己的妻子掌管家里的财权，可他最近确实财政紧张，希望能从她那儿得到些援助却屡屡被拒，其实他早见过她的抽屉里有一张15万元的存折。

这对夫妻的矛盾在于缺乏信任。其实每个人的想法都是有道理的，但一味地在心里抱怨而不对真实想法进行交流，难免会影响感情。钱本不是问题，但和感情联系在一起事情就大了。很多夫妇之间都存在"私房钱"这个敏感点，也许是大家都缺乏安全感，自然也就缺乏信任。

不少爱情电影都会设置一个环节：当男女主角沐浴爱河时，女主角不经意发现爱人对自己有所隐瞒或骗了自己，顿时伤心欲绝。这应验了著名的"墨菲爱情法则"："秘密造就爱情，也会毁了爱情。对于前者，它使彼此的优点被放大；对于后者，越想保守某个秘密，它就越可能出现。"

好莱坞大片《史密斯夫妇》以大手笔的打斗镜头吸引了观众。一对般配的夫妇，一起生活了七年，居然不了解彼此的杀手身份，这看起来有点离奇。但两人分别找心理医生咨询，觉得自己苦恼于对方的神秘，无法有效沟通的情节倒是很生活化。其实我们身边也有些"始密私"夫妇——各自保守着属于自己的秘密，不过秘密一旦被公开，生活本身可能比戏剧还精彩。

婚姻咨询师指出："如果某件事可能影响夫妻生活，那对方就有权了解。"比如，有没有未偿清的债务、慢性疾病、过去遭受的性或感情方面的问题、在恋爱中撒的小谎以及目前面临的一些重要抉择——公司裁员等，都是夫妻间应该认真交流的话题。如果这些秘密意外暴露，可能会使婚姻面临双重打击：第一重是真相曝光时对彼此的冲击；第二重是由此带来的背叛与不信任。

"我家族里曾有亲人患有精神分裂症，但直系亲属都没有。这事我一直不敢告诉相亲对象。我们俩交往了半年，各方面都比较满意，但我怕他知道后会觉得我也有遗传的可能，不肯和我结婚。"这样的秘密在夫妻间是应该公开的。

在遇到类似问题时，我们该怎么办？坦白是应该，可是坦白的结果又怎样呢？这需要双方在互相了解，相互坦白秘密时掌握一定的技巧。若掌握不好，很可能会"好心办坏事"。

通常来说，有这样四个注意事项：

首先，别搞突然袭击。可以先和对方定个约会，比如："我有些重要的事想告诉你，今晚能找时间聊聊吗?"

其次，挑选"泄密"的场合。最好找一个安全、中性的场所，如：书房或安静的公园。

再次，做好道歉的准备。正确的态度应该是上来先说"对不起"，然后再强调"这些事我很早前就该告诉你了，但我一直羞于那样做，希望你能原谅我"。如果需要，还可请彼此都信任的朋友或婚姻咨询师在场。

最后，坦白时不必透露过多细节，否则会在伴侣的脑海里留下不易清除的图像，对彼此的感情无益。

总之，隐瞒对爱人来说是不公平的，但有时坦白的滋味也没好到哪儿去。夫妇之间有秘密恐怕是个普遍的现实，因为坦白秘密的方式不同，所以后果也各不相同。总之，夫妻之间虽要相互了解，但也要注意坦白秘密的方式。

其次，装糊涂，妥善处理那段过去。

"我跟前女友恋爱9年，最终没能走到一起。现在我结婚了，日子过得挺好的。但还是会想起前女友，熟人说起她时，会忍不住跟别人打听她的现况。我不是没有责任感的人，当妻子问我现在是不是只爱她时，我很有愧疚感。"

"我曾为前男友流产过一次。现在我结婚了，怀孕了，很幸福。但我很怕老公知道这件事，万一孕检大夫问病史的时候他知道了怎么办？万一中医把脉的时候看出来了怎么办？我每天都觉得很恐惧。"

"结婚好几年了，孩子都有了，我觉得挺幸福的。有时老婆上网看了别人的故事也会问我，还有什么过去该扔的没扔。我都转移话题，其实我还留着和初恋女友的信。我也不是还想着她，那些信我也不看，但就舍不得扔。"

……

夫妻是一种特殊的亲密关系。正是由于这种特殊，给"秘密"的存在创造了一种环境。夫妻间，有些事说了可能会伤及感情，轻则争吵，重则离婚。不说，又可能产生诚信危机。对此，我们应该如何看待呢?

妻子："说说你的初恋吧!"

丈夫："不就是你嘛!"

妻子："不是隔壁班级的班花吗!"

丈夫："没有的事!"

妻子："她漂亮还是我漂亮?"

丈夫："你。"

妻子："真的?"

丈夫："真的。她脸上不是有斑点嘛，没有你好看。"

妻子："那她后来不是去掉了吗?"

丈夫："那也是你好看。"

妻子："我不相信。你就敷衍我吧! 她不漂亮你还能留着她们班级的照片?"

……

可以猜测得到，这对夫妻最后的谈话一定是以妻子的抱怨做结尾的。结婚的男人不愿意谈论从前的恋人，妻子若聪明就应把握现在，而不是一个劲儿地追问过去。

还有这样的男人："你跟我交往以前，不是曾经爱过一个男人吗？他是怎样的人？从事什么职业？那是多久以前的事了？你俩'好'到什么程度？"

每逢到这种时候，有些男人只是大略地问问。不过，有一部分男人会穷追不舍地问个没完，像一条蛇似的缠着你。你告诉他一件事后，他会再追问第二件。你回答后，他会再提出第三个问题……如此这般，对你展开疲劳轰炸。

从上面所举的例子推测，你可能觉得不告诉他最好。其实，最理想的情况是把一切都坦白地告诉他，待他完全了解后，再跟他结婚。不过话说回来，现实无法尽如人意。一些男人听到你的告白后，会拂袖而去。

对于这些禁忌点，严禁打破砂锅问到底。"装"不知道、不明白，女人才能获得更幸福的婚姻。

## 4. 留点面子，才会幸福一辈子

男人是要面子的动物，尤其在女人面前。虽然男人的面子不能当饭吃，但它作为男人的一个十分看重的东西，是必不可少的。现代社会中，女人的才华和能力和地位越来越受到重视和重用，她们的光彩在一定程度上使男人觉得丢了面子。作为妻子一定要在尽量减少丈夫压力的同时，还应多留一些面子给他，这样才不会让他的有太大的压力感受，才能让自己的生活更加幸福，家庭更加稳定。

　　一次，马丽和同学约好去郊外玩。来到相约的地点，马丽看到同学们都是开着私家车来的，不禁有些美慕，随口对自己的丈夫说："你看我同学多有本事，谁像你，这一辈子就这点出息，看来我只有天天挤公交车的命了……"话还没说完，老公便赌气回去了。结果大家也不欢而散。

　　也许对马丽来说，她是没有轻视老公的意思，但是她忽略了一点——男人的面子。

　　有时老公撒了谎，大可不必刻意去揭穿他，更不要和他拼命，就算你眼光锐利、洞悉一切，你仍可以傻傻地笑着说："我只是担心你。"其言外之意就是我知道，但我不打算计较。特别是有第三者在场时，维护他在客人面前"高大光辉"的形象。这时你给他留足了面子，他一定会心存感激。感激你的包容，如此就会把你当成同盟，当成分享秘密的另一方，对你来说，这种唾手可得的甜蜜和幸福，何必推辞掉呢？

　　在安徒生的童话里，有这样一个故事：

　　一个去赶集的老农民，一路上用马换成了母牛，用母牛换成了羊，用羊换成了鹅，用鹅换成了鸡，最后用鸡换成了烂苹果。换来换去，换来的东西越来越不值钱，但还是得到了老太婆的称赞。和他同行的富翁不相信世界上有这么"傻"的女人，和他打赌还输掉了一袋金币。

　　所以，会给男人面子的女人，才具有婚姻的大智慧，会装傻的人的婚姻才是稳定快乐的。

　　尽管很多时候，女人会觉得男人的面子真是可笑，这就好比女人那张整日修饰的脸，唯恐哪天再也不美。但作为妻子，如果不照顾男人的面子，必会惹他不高兴。

　　男人的面子分几种：

**偶尔炫耀型**

　　这种男人平时不怎么说大话，哪天在朋友面前突然高兴或得意，就想当老婆的面炫耀一下自己的地位。这种偶尔的行为其实挺可爱的，男人有时也像孩子，偶尔的炫耀，你在旁边附和一下，演一下小双簧，既满足了他的虚荣心，又彼此不尴尬，给足了他的面子，也给了你快乐，何乐而不为呢？

**好大喜功型**

　　这种男人就会在外面吹嘘扩大自己的成绩，每每用老婆的附和来达到满足虚荣心的目的。长此以往，惹得朋友都在一旁看笑话。对付这样的老公，姑且在外面纵容一下，回家好好地泼冷水，免得他越来越不知道自己的分量。

**特好面子型**

　　这种男人在外面以践踏女人的尊严来满足他内心的快感，轻则用训斥、重则用暴力的方式来显示他的地位优越。对付这样的男人要看清其本质，不能纵容，纵容的后果只会是越来越严重。如果他软硬不吃，那么只好休之。人生苦短，把时间都浪费在这样的男人身上岂不悲哀？

　　记住，真正的贤妻，是会爱护他、不刻意折磨他的，要学会在撒娇的同时，给予男人一定的尊严。每个人都有自己的尊严，并不是因为他爱你，就表示你可以任意伤害他、践踏他的尊严和轻视他爱你的权利。

给男人留面子不但让男人有面子，因为自己尊重男人了，其他人才会更尊重男人，这也会让自己有面子，也是对自己的一种尊重。相互给彼此留点面子，才会幸福永远。

一个聪明的、理解男人的女人要想给男人留下足够的面子并不难，只要做到下面几点，男人就会因你的宽容和大度，更爱你一点，更乐意为你、为孩子、家庭付出更多。

一是在外人面前留下足够的面子。

也许是传统的思想作怪，男人死要面子仍是不争的事实。无论何时，尤其在朋友面前，女人要给男人留足面子，因为这时男人会很在意妻子的评价。不过反过来想想，如果一个男人连自己的老婆都看不起，那么外人谁还会尊重他？

妻子对自己的评价在男人的心中是非常重要的事。所以作为妻子的你一定不要在外与之争吵或当着他人的面数落他的缺点，须知你们是最为亲密的人。从另一方面讲如果他无能、缺点多，一是证明你没眼力，二是你驯夫无术。

聪明的女人应是在家驯夫，在外人面前对他多一些美言，以树立丈夫良好的形象，增强他的自信。如果你一味地在外人面前数落他的不是或者与之争出了一个高低，那结果又有何意义呢？

男人是种要面子的动物，这也是男人的死穴，"死要面子活受罪"来形容男人一点也不为过。聪明女人在对待这一问题时都会小心翼翼，要有一个内外之分，不但会装傻还要会示弱。

这天朋友刚跨出门，阿龙的老婆就和他吵了起来，谁知朋友又返回来拿他忘记戴的帽子，正好撞上，进退尴尬。这时八面玲珑的阿龙老婆就急中生智拍了拍桌子："我说抬，你要扛，正好小李又回来了，你可找到帮手了，下次再用你的神力吧！"阿龙就顺坡下驴直夸夫人想得周到，一场面子危机就这样轻轻化解。

二是要在亲属面前给他留下面子。

明智的妻子对男人的缺点要学会包容，不断地给男人留点面子，花心思去维护男人的面子，这样既哄得男人开心，也维护了婚姻，让婚姻多一份美满，少一些遗憾。

有一些人在双方的父母或兄弟姐妹之间吵架时，总喜欢把多年前的事情搬出来数落一番，可以想象，结果一定是越吵越大。有时候，他们甚至还会把事情搬到长辈面前去评理。

阿娣发现丈夫有了外遇，在家里大闹一场，还叫来公公婆婆一起来了个"三堂会审"，让丈夫做了保证。但即使这样，他们的夫妻关系并没有好转。

外人无法想象，当初多么好的一对，现在怎会走到这一步。但这种事情闹得再凶也是两口子的事，外人没有办法帮他们。女人让丈夫的面子在家人面前丢尽了，男人就把所有的责任都推到了她的头上。女人要记住。别让男人在他的亲人面前丢面子，那样后果会很严重的。

三是在孩子面前给他留足面子。

孩子是单纯的，做父母的应该尽量避免向孩子灌输消极的东西。多数婆媳关系会比较紧张，但这与孩子没多大关系，没必要向他们输入不好的信息。但有的母亲没有认识到其危害性，总在孩子耳边说爷爷奶奶的不好之处，孩子就会不自觉有怪罪父亲的心理，使男人的威信在孩子心中减少，让男人感觉很没面子，这样不仅不利于孩子的健康成长，还会使家庭成员的关系进一步恶化，其实对对方的尊重也是对自己的尊重。

## 5. 别和他的朋友"抢"他

有这么一个笑话，叫女人的友谊与男人的友谊的区别。

女人们的友谊：女人一晚没回家，隔天她跟老公说她睡在一个女性朋友那里，她老公打电话给她最好的十个朋友，没一个知道这件事！

男人们的友谊：男人一晚没回家睡，隔天他跟老婆说他睡在一个兄弟那，他老婆打电话给他最好的十个朋友，有八个兄弟确定她老公睡在他们家……还有两个说："你老公还在我这儿！"

女人婚后往往因为对家庭的照顾而跟姐妹淘慢慢疏远，而男人却不会因为家庭而忽略自己的朋友，婚后依然跟"狐朋狗友"一起吃吃喝喝，常常让老婆一个人抓狂，"跟着一大帮老爷们有什么聊得，难道他对我已经不如当初了吗？"

老婆总担心老公跟狐朋狗友学坏，会为了兄弟而少了陪自己的时间。继而成了醋坛，开始跟朋友抢老公，不是不许老公出去会朋友，就是他的朋友来家后即下逐客令。而这不但不会让老公跟你更亲近，反而会让老公心生反感。

王心仪跟老公结婚一个月就遇到了最让她不舒服的事。

没结婚前，王心仪就看出了男朋友喜欢跟同事朋友出去"鬼混"，有时是打牌，有时是吃饭喝酒，有时是生意上的往来。当时王心仪以女友的身份也参加过几次，她总觉得这种聚会无非就是男人们间喝酒吹牛，一点意思都没有，因此再也不想去了。

婚前老公肖强还信誓旦旦：只要结婚，就按时下班回家伺候老婆，不再跟狐朋狗友鬼混。结果，才过了一个月，碰巧又是肖强的生日，王心仪正在厨房里忙碌着，接到肖强的电话。

"今天晚上我不回来吃饭了。"肖强一字一顿。

"今天是你生日！我们才结婚三十天……"王心仪一边接电话，一边挥舞手里的菜刀。

"今天他们给我过生日，明天我再回来让你给我过好不好？"肖强口气软了下来。

"好，那我就跟你一起去！"王心仪心想要当场教育一下这帮怂恿老公不回家的"败类"。

"不行啊！亲爱的，他们说好不带家眷的，我怎么好带你？"肖强说明情况。

"那说好，十二点前不回来，我就锁门，你就去你朋友家住吧！"还没等老公道别，王心仪就不悦地挂了电话。

放下电话，王心仪倍感委屈地哭了：没想到蜜月还没过完，自己就被老公给"抛弃"了，她想不明白，自己在老公的心目中竟比不上那些满嘴只懂得讲成人笑话的"臭男人"来得重要。

王心仪猛然想起，以前老公跟自己讲过这些朋友里，有人还背着老婆在外面乱搞，他们会不会把肖强带坏？为什么不能带家眷？是不是早有预谋？王心仪越想越觉得恐怖，后悔自己刚才没问清楚，他们在哪里办生日party。

可连拨了数遍，肖强的电话就是打不通，王心仪越来越焦急，坐立不安……

晚上两三点，肖强才在朋友的搀扶下醉醺醺地回来，王心仪气的不打一处来，骂他吧，他喝醉了什么也听不见，可是就这么算了，她又心不甘。

第二天肖强一醒来，王心仪就让他发誓下不为例。可没多久，肖强又找别的借口跟朋友一起聚会。一个人等待时王心仪无数次内心发誓，一定要让肖强在她和朋友间做选择，绝不能让他们带坏了肖强。

两人婚后的第一场战争因肖强的朋友而起，王心仪没想到那些朋友在肖强的心里如此重要，不管她冷战还是河东狮吼，肖强都没有要跟朋友要告别的意思。王心仪黯然了，难道朋友对他就这么重要？

王心仪遇到的问题是很多女人婚后都面对的问题。老公经常抛下老婆，跟哥们三天一小聚，五天一大聚，吃饭喝酒打牌。老公的朋友里有老婆最看不惯、看不起的人，但无论老婆如何苦口婆心，都阻止不了老公想整日与这些人混在一起。

老婆害怕老公跟这些不三不四的人学坏，担心老公跟这些酒肉朋友在一起变得消极颓废。但老婆说多了，老公不但不听，还发脾气——老婆也未免管得太多了。于是，本来关系甚笃的老公和老婆间，却因朋友的问题，闹得不可开交。

其实，贤惠的妻子遇这样的事，不是逼他在自己和朋友间做选择，而是细心分析他为什么需要朋友，挖掘深层次原因，然后有针对性地改变他。

妻子要知道，对男人来说，与朋友们一起喝酒吹牛皮、胡吃海喝，就等于女人购物血拼、美容做指甲、买零食看韩剧一样重要。如果男友不许你上街购物、买衣裳做面膜，禁止你与闺蜜煲电话粥，你会不会抓狂？你会不会想逃离这个男人八丈外？

男人跟男人在一起，对男人有着非同寻常的意义。

第一，男人需要从别的男人身上，获得对自己的性别的认同。

"我是男人"这种感觉，是一种需要在一生之中不断加强的心理体验。这种感觉只有一小部分来自跟女人的对比中，绝大部分来自于其他男人的认同中。成天在女人堆里打滚的男人，他也许会很表面地认为自己是个男人，但时间一长，他的心理就可能被女性化了。这样的例子很多。文学作品中有贾宝玉，他是如此女性化，以至于在电影里他这个角色要找女演员才能演得神似。还有中国历史上很多继承祖业坐天下的皇帝，"长于深宫妇人之手"，经常打交道的男人又基本上是太监，所以他们的性格往往刚毅不足而阴柔有余。这样的人治国，后果就可想而知了。男人只有跟男人在一起，才能互相认同，互相加强男人气概。

第二，人性中有一种先天的攻击性力量，这种攻击性在男人那里表现得尤为明显。

男人如果把攻击性针对女性，这不会被社会规则所认可。在男人跟男人的交往中，如果直接进行攻击，那是一种低级的方式，往往造成两败俱伤的结局（如：打架）。但男人之间，经常可以看到某种变异的攻击性的表达，为便于理解，我们不妨称其为娱乐性攻击。男孩从小时候开始，就通过相互打斗取乐，越好的朋友之间，打斗得就越多，这就是所谓娱乐性攻击——既表达了必须表达的攻击性，又不伤和气、不撕破面子。

成年男人间，这种娱乐性攻击的例子就更多了。首先是躯体的：两个好朋友很久没见面，见面就互相给几拳头，既是娱乐又是攻击，看他们的高兴劲儿，就知道攻击和被攻击都是男人的一种需要。然后是语言的：一群男人在一起，相互讽刺、挖苦、嘲笑，无所不用，越"恶毒"还越热闹、越亲热。在社交场合，男人们比拼喝酒，是最常见的娱乐性攻击的方式。被逼喝酒的人，明知对方想通过把自己灌醉来攻击自己，却翻不了脸，反而赔笑脸斗智斗勇。

第三，男人之间也是有温情的。

不过这种温情跟男女之间的温情不太一样。从某种意义上来说，男人更容易受伤。因为社会对男人的要求要多一些、高一些，而且，在他脆弱的时候，表达途径也不如女人的表达畅通——女人可以表现软弱，用一切可能的方式，男人却不行。男人受伤时，女人给他的温情，就是护理他的伤口，给他安慰。但这经常是不够的。而男人给男人的帮助是这样一种感觉：我跟你站在一起，我要把你没搞定的事搞定，我要把欺负你的人打败。虽然他不一定要真的那么做，但那种感觉会传达出去，能使受到关爱的另一个男人振奋。

还有，从更深层说，男人接受另一个男人的关心，会让他隐隐地感到某种程度的父爱。父爱是一种强有力的爱，在强大的父亲的照顾下，会感到无比安全，安全正是脆弱着的男人最需要的东西。

第四，再好关系的男人之间，也存在着竞争。我们甚至可以说，关系越好，比得就越厉害。

这种竞争有时会很残酷，但更大程度上是一种娱乐。就像两个好朋友下棋，友谊是一回事，输赢是另一回事。从小的方面说，这种竞争有利于男人心智的成长；从大的方面说，这种竞争是人类社会前进的原动力。没有竞争的友谊是不存在的，友谊只不过是竞争的缓冲剂和润滑剂而已。在友谊的平台上的竞争，既充满挑战又充满温情。没有竞争的友谊不会稳定，也有些虚伪。而没有友谊的竞争，就可能是你死我活的拼杀了。

当然，男人们在一起，不会像上面提到的那样，不干正经事。男人在一起干的最正经的事就是事业。这已经不需要举什么例子了。

妻子们，要知道，一个没有男性朋友的男人可能会出现一些心理问题。他可能有性别认同的障碍，表现得比较女性化，缺少男性应有的阳刚、坚韧、大气的品性；由于攻击性没有通过娱乐性的途径向外表达，攻击性就会转向自身，形成内向、抑郁、退缩的人格特质；没有从男性那里感受到友谊和温情，他就会把所有男性视为对自己的威胁，从而失去在人际关系中的起码的安全感；而没有友好的竞争活动，直接会使他的生活变得单调和无趣。

如果你爱你的丈夫，请给他一点时间，让他和别的男人"厮混"在一起。这会使他更像一个男人。

# 6. 嫁给他就是嫁给一种生活

　　爱情是两个人之间的事，但婚姻是两个家庭的事。如果说只是相爱，两个人大可以相爱，不必告知他人，就算一辈子别人都不认可也依然可以爱着。爱与其他人没有关系。而婚姻却大不相同了：如果要结婚，就意味着双方的父母成为共同的父母，双方的亲属成为共同的亲属，婚姻的双方不仅在感情上有联系，在财务和社会关系甚至法律关系上也产生联系。这样，婚姻不再是两个人的事，而是两个家庭间的事。

　　婚姻把原本没有血缘关系两家的成员联系在一起成为亲戚。婚姻的当事双方接受对方的同时，还要各自接受对方的家庭。两个家庭价值观念和生活准则的碰撞，会让两个人应对不暇。如果只有一个人接纳你，而他或她背后的一群人不接受你，你是什么感觉？嫁人也罢，娶妻也好，嫁和娶都是嫁给和娶进一个家族的生活习惯和做人标准。爱情则不然，爱情是两个人的事情，它可以超越年龄、家庭、文化等背景。

　　林燕妃是个爱打扮的女人，婚后也一样。但老公可不这样看，他认为女人结了婚穿衣打扮就要有婚后的样子。每次买衣服回来，他从没说过一声好，不是说她买的衣服太幼稚就是俗气。说她穿衣方面花去的时间比在厨房多，还和自己的母亲一个鼻孔出气。

　　因为林燕妃夫妻和老公的父母住在一起，可想而知，婆媳太难处了。每天面对着几张脸，还得应对老公那些随时上门来的"狐朋狗友"，实在是太累。现在，老公的母亲对林燕妃极不满意，嫌她没有女人的样子，不会照顾自己的儿子。可他们的一些做法林燕妃也看不惯。真不知道这种生活再过下去有什么意义。林燕妃回到家一点都不放松。总觉得老公挣得不多，自己挣得也不多，两人养活好几口人，从前的恩爱变成了为鸡毛蒜皮动不动打起的口水仗。

　　林燕妃觉得，自己的几个朋友活得那才叫滋润呢！有房有车家里还雇着保姆，她们不是玩牌就是逛街、健身、美容，生活没有压力，买东西眼睛都不眨的，很惬意。再看自己的生活，为了生活过得好点得拼命工作，还许多事由不得自己做主。她常常后悔，抱怨这样的生活什么时候是个头。

　　林燕妃的生活就是大多数人最真实也最普通的生活。问题是林燕妃现在只看到生活的另一面，比如失去自由，还得照顾公婆，觉得婚后压力变大了等。

　　不可否认会有这种情况出现：即使你感觉自己付出了全部心血与努力，但总是无法被他（她）的亲人认可和接受。这时千万不要灰心丧气或干脆放弃，甚至和他（她）的家人对着干。这些只能使你的婚姻状况越来越糟，伤害的是你和老公（老婆）之间的感情，而对解决问题却毫无益处。

　　其实，不如换个思维，即使做不到爱屋及乌，至少可以装成礼貌相待，客客气气。

　　首先，要对即将到来或正在进行的婚姻，有能应对矛盾的心理承受能力。结婚前，两人就应对双方家庭有基本的了解，在充分了解后再做出自己是否接受的决定。如果接受了，以后就不要一味抱怨，而要为自己的选择负责。

其次，千万不要把对方父母的财产理所应当地视为己有，并做出很多不恰当的行为。很多父母在孩子婚后，仍在经济和生活上给孩子以支持和援助，那是他们舐犊情深而非天经地义，做晚辈的应对此表示感激。

一个误区是：很多人期望值过高，大部分人在结婚时都会想：我要把他（她）的父母当成自己的父母，而双方的父母通常也会这样：把他（她）当作自己的儿子或女儿吧。怀着这样美好的愿望，但最后的结果为什么常常适得其反呢？每个人都觉得自己受了委屈，自己付出了热心却受到了冷遇。

原本互不相干的人想一下子变成亲人，那是不可能的，双方的生活习惯、经历、思考问题的方式、语言习惯等等都极为不同。而且，当你将对方的父母当作自己的父母一样看待时，你也就希望他们对你也如自己父母一样。但事实上，对方稍有不周，你就会心理失衡。

所以，期望值过高反而会伤到自己，即使不能做到爱屋及乌，大家能以礼相待，互相尊重和体谅就已足够了。只要换个角度和心情，日子就会过得有趣而有意义。每个人在社会中承担的义务和角色太多，想要做好每一个角色，就要把心态调整到最好状态。那些家里看似烦人的事，其实是维系家庭关系的良药。

# 第九章

## 最能“虏获”男人的女人味：把话说到他心里去

其实，一句话换种语气、换个说法，让人听着就舒服多了，这样，对方不但会很乐意接受你的意见，而且也会因此更加疼爱你。相反，如果你一味地较真，只能让男人对你越来越反感，而且会离你越来越远。

# 1. 你说话时的表情、语气、语调很重要

社交中与陌生人初次见面，要想赢得对方的好感，女人说话时的表情、语气、语调都是非常关键的。

你语言里所表达的到底是同情、关心、厌恶、鄙视、信任、尊重、包容、原谅、排斥、愤怒、反感、欣慰等等，都会难以掩饰地暴露在面部表情上以及你说话的声音中。因此，我们说话的时候，不仅仅要在语言的内容上下功夫，也要在表情、语气、语调上多注意。

有一次，索亚邀请魏岩去参加一个朋友举办的联谊会，在会场里，魏岩没有认识的人，于是索亚把自己认识的朋友逐个介绍给她。索亚介绍了一位自己曾经多次在魏岩面前提到过的男士，魏岩心想，这便是我心里一直幻想的白马王子形象：眼神忧郁、说话语气低沉、喜欢音乐……所有的特点都是她喜欢的。

男士也曾听索亚提到过魏岩，知道她是一位摇滚音乐爱好者，还是一个文学爱好者，于是男士主动过来和魏岩聊天。

男士说："魏岩，认识你很高兴。"

魏岩还没做好心理准备，因此有些紧张。

"你好！"魏岩说，但心里却开了小差，她想：如果能赢得男士的好感就好了。

男士："听说你喜欢音乐？我原来在学校经常给校乐队写歌。"

"是吗？"魏岩想说什么，但又憋回去了，她害怕自己说错话，给对方留下不好的印象。

……

这样聊了会儿，魏岩不是用目光四处寻找索亚，希望她过来缓和一下自己的紧张心理，就是心里紧张，表情和语言总跟不上。

男士觉得，魏岩是个心高气傲的人，可能对自己根本没兴趣，她说话总是心不在焉，于是很礼貌地找了个借口离开了。

魏岩感觉非常遗憾，原本遇到了一位心仪的男士，却被自己错过了。


女人的感情是非常敏感、细腻的，如果善于运用语调、语气，在交流上会为说话的内容增加分量，但如果把握不好，也会让你失去机会。

女人的目光眼神往往能准确地反映出她的思想态度。在某种情况下，一个眼神，是最佳的辅助说服方法，抵得上千言万语。使用目光眼神时，视线的方向、注视的频度以及目光接触的时间长短都要适度。目光接触的时间长短，能反映出与对方的亲密程度。

并且，作为语言辅助工具的语调、语气，也能起到和表情同样的效果。比如，妥帖而又富于变化的语言声调，能增强言语信息的明晰度，所以声调是交流的重要辅助手段。

一个会说话的女人，会通过自己的语气和语调来向对方传达自己的感情，以此让表达更具感染力。比如，跟对方谈论起愉快的事时，应使用明快而爽朗的声调；跟对方谈论起忧伤的事时，应使用低沉缓慢的声调；同对方辩论问题或鼓励对方时，应使用比解答问题和安慰对方时高出一倍或几倍的嗓门儿。这样轻重抑扬相结合，才便于你表达丰富多彩的内心世界，抒发真实情感。

语言声调，主要体现在五个方面：速度——就是说话的快慢；音量——就是说话声音的大小；音高——就是声音的高低；音变——就是声音的变化；音质——就是声音的和谐度。

因此，只要说话时把握好这几个方面，再结合表情、表达的内容，那么你说出的话就会讨人喜欢。

## 2. 真情实感的语言最能打动人

每个混迹社交场所的女人都应明白，真诚是一笔宝贵的财富，无论你与什么样的人接触，如果你能出示自己内心的真诚，就会在某些方面有所收获。如果你在与对方交谈时是认真而真诚的，你的语言也自然会体现魅力。

会说话的女人，不光有渊博的知识，也会用真诚的语言、态度来折服别人，换来彼此的心灵相通、坦然以待。女人讲话如果只追求外表漂亮，缺乏真挚的感情，开出的也只能是无果之花。虽能欺骗别人的耳朵，却永远不能欺骗别人的心。著名演说家李燕杰说："在演说和一切艺术活动中，唯有真诚，才能使人怒；唯有真诚，才能使人怜；唯有真诚，才能使人信服。"若要使人动心，就必须要先使自己动情。

严欣最早是公司的普通推销员。在某次产品发布会上，经理给每一位职员上台展示的机会，他们可以自由讲述自己在事业上、生活上的种种经历。

严欣原本是个不太善于说话的人，一到台上，更不知道该说些什么，想到从小到大她所经历的种种磨难，心理稍微平静些，她想把这些说给与会的所有人听。

于是，她从父母离异，被迫到乡下奶奶家生活，讲到奶奶如何抚养并供她上大学，一边讲着这些，一边想着她的种种经历，甚至忘了台下还有那么多人在听，心里的恐惧更是早已忘却。讲到情浓时，她流下了眼泪。而讲到父母为了各自的生活抛弃她时，她非常激动……半小时过去了，会场一片安静，大家都被她声情并茂的演讲打动了。当她讲述完毕，台下已是掌声雷鸣。

之后，经理觉得她是个人才，便重点培养。不到半年，严欣就当上了公司的地方讲师。

无论是与某人交谈，还是在公众场合演讲，只要真诚就能打动人心。如果我们在与人交流时能捧出一颗恳切至诚的心，一颗火热滚烫的心，怎能不让人感动？白居易曾说过："动人心者莫先乎于情。"炽热真诚的情感能使"快者掀髯，愤者扼腕，悲者掩泣，羡者色飞"。

说话不是敲击锣鼓，而是敲击人们的"心铃"。"心铃"是最精密的乐器。会说话的女人总能用真挚的情感、竭诚的态度击响人们的"心铃"，刺激之、感化之、振奋之、激励之、慰藉之。

让喜怒哀乐，溢于言表；使黑白贬褒，泾渭分明。用自己的心弦去弹拨他人的心弦，用自己的灵魂去感染他人的灵魂，使听者闻其言，知其声，见其心。

如果女人能用得体的语言表达她的真诚，就很容易赢得对方的信任，与对方建立起信赖关系，对方也可能因此喜欢她说的话，并因此答应她提出的要求。能够打动人心的话语，才可称得上是"金口玉言"，"一字千金"。

心理学家认为，人与人之间存在"互酬互动效应"，即你如果真诚对别人，别人也以同样的方式给予回报。道声"谢谢"，看似平常，可它却能引起人际关系的良性互动，成为交际成功的促进剂。因此，真诚的语言，不论对说话者还是对听话者来说，都至关重要。

说话的魅力，不在于说得多么流畅，多么滔滔不绝，而在于是否善于真诚表达。最能赢得人心的女人，不见得一定是口若悬河的女人，而一定是善于表达自己真诚情感的女人。

说话是一个传递信息的过程。要提高自己的说话水平，增添自己的语言魅力，不仅仅在于说话者本人能否准确、流畅地表达自己的思想，还在于他所表达的思想、信息能否为听众所接受并产生共鸣。也就是说，要将话说好，关键还在于如何拨动听者的心弦。

生活中，有些女人长篇大论甚至慷慨陈词，却难以提起听者的精神；而有些女人仅仅寥寥数语，却掷地有声，产生魔力，这是为何呢？很简单，后者了解人们的内心需要，能设身处地地站在对方的立场，为对方着想。因此她们的话充满真诚，也更容易打动人心。

真诚的语言虽是朴实无华,但却是最感人的。因此,无论你是交朋友、和老板谈加薪、和客户谈生意,只要是发自内心地真诚地说话,就会让你的成功率倍增。


## 3. 善解人意的语言令男人 "俯首帖耳"

无论男人还是女人,有刚强的一面,也有脆弱的一面。我们看到的男人,整天在职场、商场上雷厉风行、坚不可摧。而回到生活中,他更需要一个女人的理解。因此,一个聪明的女人一定是一个善解人意的好女人。她知道男人的精神世界里存在着哪些禁区,总是会很细心地避开,以免因碰触到他的精神弱点而让对方受到伤害。

她知道,当他在外面风风雨雨累了一天回到家里,也需要卸下那一天的疲惫,与自己的女人说说苦衷,那这时自己要做个善解人意的听众。男人大多都是很理想的动物,他们会因为你的细心和理解而心存感激。

聪明的女人在遭遇男人无意伤害的时候会偶尔装傻,其实,这恰恰是她善解人意的表现,因为她们会用 "傻" 来维护男人的尊严和面子,从而让男人更加心疼自己,更加爱惜自己。

迟志国和妻子王琳结婚2年。某次同学聚会上遇到了初恋女友盈盈,盈盈借他出去上洗手间的空当儿,截住他要和他单独聊聊。这让他有些为难，但为了不伤对方自尊，他还是和她聊了。

谈话间，他了解到，盈盈和他在同一个城市工作，到现在还没有结婚，谈过几个男朋友最后都分手了，到现在还单身一人。同时盈盈还表示，在她遇到的人中，只有迟志国最让自己动心。不过因为迟志国结婚了，盈盈只好苦笑着说："当时年轻，我们总把最好的都错过了。"最后还和迟志国要了手机号码。

迟志国回到家里，一直没敢对妻子说。妻子看出他从同学聚会回来就一直有心事，但也从没直接问过。有一天，迟志国洗澡时，手机响了，他以为是同事打来的，就喊妻子替他接电话。王琳接起电话听到对面是个女人的声音，并且一开口就说："志国啊，周六有空吗，我想和你聊聊。"王琳告诉对方电话主人没在，就把电话挂了。

等到迟志国出来，看到电话是盈盈打来的心里忽然凉了。他极力想对王琳解释，但是王琳笑笑说："我相信你会把事情处理好的，你给她回个电话吧。"迟志国对于妻子的做法非常感激，后来他直接在电话里回绝了对方，并且还明确地提醒对方，他非常爱自己的妻子。

其实，男人忠于善解人意的女人更胜于漂亮、妩媚的女人。前者不会在男人工作繁忙时抱怨对方没时间陪伴自己，也不会在男人辛苦工作一天后为小事无理取闹。当然，善解人意也非一味迎合和纵容对方，而是在遇事时能尽量用自己的心去体会对方的心，用自己的感受去体会对方的感受，做到善解人意。

女人如果对自己的丈夫温柔有加、百般理解与体贴，没有哪个男人会不喜欢，你会因此得到男人更多的爱和珍惜，也会让男人情愿为你付出而无怨无悔。聪明的女一定是个具有宽大胸怀之人，能真正理解男人的缺点和过失。男人出于对家庭和女人重视，总习惯将自己的家庭和女人当作安全的避风港，他们希望女人能完全地包容自己的成功与失败，不论什么时候都张开双臂迎接他们回来。这是一个聪明女人对丈夫的支持，也是为自己赢得男人的青睐、和打造自己幸福生活的基础。

善解人意的女人总会给自己的男人留一份私有空间，不会时刻要求男人对自己言听计从，因为她明白，他把爱给了她，但要保留他自己的思想。

## 4. 女人的唠叨是男人心中永远的痛

女人总以为，如果自己多说几遍，兴许男人就会改掉某个坏毛病、坏习惯或会因自己的唠叨，男人会在工作上、事业上更努力，从而带来成功。其实，如果你这样认为，你一定不是个聪明的女人。

虽然爱唠叨几乎是女人的天性，但女人的唠叨却是男人心中永远的痛。男人会因为被唠叨产生厌烦，。同时，你的唠叨多了，男人也就无所谓了。更糟糕的是，你的唠叨会给男人的工作和事业带来巨大的阻碍，同时也会给家庭生活带来伤害和不幸。

*杨阳是个非常出色的推销员。在公司待了两年，每到年底他*

都会比其他同事多领很多奖金，并且他立志在三十岁前一定要做一个出色的销售总监。

　　然而，自从他和波利结婚后，他的销售业绩开始有了落差，这让他感觉非常痛苦。每天回到家里，波利就开始唠叨："今天卖出去多少？有没有做到大客户？是不是又被老板训话了？你都干了两年多，怎也不见人家提拔你？咱现在的生活越来越没奔头了。这个月的房租要到期了。要不要试着换个工作，不能老做推销员！"

　　这让杨阳非常头疼，有时连在公司里，脑袋里都会装满波利的唠叨。一次，他实在受不了了，就对波利说："我这辈子就是个推销员了，要看不下去你就找别人去。"这样一来，两人争吵了起来，并且类似的争吵越来越多，最后弄到了离婚的地步。

　　和波利离婚后，杨阳在公司继续做推销员。经过多年的接触，一位客户非常赏识他的人品和能力，于是把他从原来的小公司挖走，一手提拔他坐上了销售经理的位置。

　　很多男人在婚后都觉得过得不幸福，感觉自己的老婆失去了在恋爱时的所有魅力,每天像个怨妇似的唠叨。

　　在男人心里，最头痛的事不是没有成就、没得到老板的赏识，而是心爱的女人没完没了的唠叨。

　　如果女人唠叨是为倾诉和发泄，比如，对外界的人或事看不惯，这还好理解。对男人来说，硬着头皮坐下来当回听众也无妨，能换来她的好心情也值了。问题是，大多数女人的唠叨是由于她们对男人的期望值太高，或按照自己的标准来约束别人，以致发现别人的不足、产生不满。

如此一来，女人的唠叨就成了没完没了的教育和训话。更让男人受不了的是，有些女人的唠叨是对男人事业失败的嘲笑和讽刺。本来男人在外面工作就够累了，回到家里，不仅得不到一丝的温暖和安慰，还要听女人的责备。

即便男人在事业上非常成功，如果遭遇女人无休止的重复说教，他也会从事业的巅峰上滑下来。

女人在家对男人唠叨过多，不但让男人心烦，弄不好会让他产生逆反心理，你越说，男人就越不做，那不是适得其反吗？这样说得没完没了，说重了一点就是对男人不尊重不信任。既然你不尊重、不信任他，他又怎会有动力去做好事情？因此，作为聪明女人，你要停止对男人的抱怨和唠叨，而是给他鼓励和理解，这样才会从男人身上发现更多的改变。

一个男人最忌讳别人不尊重自己，无论你是他的亲密爱人，还是他的兄弟亲人。因此，即使你已得到了一个男人，也绝不要以你们的婚姻为挡箭牌，对男人口无遮拦地说一些伤害的话。

夫妻相处也是讲究规则的，如果你希望和你的老公继续保持婚姻关系，以下这些话千万不要逞一时之快而脱口说出。

（1）当初我真是瞎了眼！

男人不管在恋爱中还是婚姻中，都希望得到自己心爱的女人的重视和尊重。而这句话就像你拿一包炸药塞进对方心里，会将男人炸得血流不止。因为这句话是对一个人的根本否定。

一个男人爱一个女人，是希望她把自己当成港湾、靠山，而这句话会让他觉得，他已一无是处了，他心爱的女人并不信任他，甚至后悔嫁给他。

作为女人，如果你对这个男人还有爱就绝不要轻易说出。如果只因鸡毛蒜皮的小事说出这样的话，结果是让男人在心里永远地留下伤疤。甚至有可能会影响你们的婚姻。

（2）窝囊废！

意思说白了就是："你怎么这么没用。"这对你的男人的心理打击是非常大的。一个男人，无论事业上成败与否，他都希望在他的女人那里的形象是高大的。

"窝囊废"意味着你根本瞧不起这个人，他的一切能力就被你这一句话彻底否定了。如果你是个聪明的女人，就不要轻易这样抱怨你的丈夫无能，可能你以为无关紧要的一句话，对他造成的心理伤害却是无法治愈的。这样彻底挫伤了他的自尊心、自信心。对他以后在事业上的发展也造成心理障碍，让他每走一步都会心惊胆战。

（3）你看看人家某某……

最让男人感到自卑的是，自己的女人觉得自己不如别人。

别以为这样一句话能激发他的斗志，实则不然。这句话会让你的男人想到你在讽刺他，觉得自己没用，不如别人能在物质上满足妻子的需求，另外，他也会认为你是一个势利眼，只会眼红别人的房子、车子、票子……这样一来，你在丈夫心中的形象就会大打折扣。这样的话讲多了，男人既会对自己不满意，也会对妻子产生不满情绪。

（4）你管不着！

当你们之间发生了口角，女人一甩门出去了，后面男人追过去问："你干吗去？""你管不着！"这样的话一下子就会刺痛男人。他会误解为：难道她认为我们之间已没有了任何关系？她做什么不关我的事？并且他会认为是不是你们之间的关系已经疏远了？或者你有什么事情瞒着他？

千万不要随便敷衍丈夫一句"你管不着"，这样会让他觉得你把他当外人，有意疏远他，这样的猜测越来越多，你们之间的感情也会因此产生裂痕。

（5）也不看看自己那德性！

当你和丈夫发生争吵，一时气急，失去平时的理性，随口便抛出这句狠话。权衡下你自己的心理：你真的鄙视、藐视、瞧不起你的丈夫吗？这句话实在太伤人了。他心里也知道，自己不如人家有钱、有车、有房、有地位，可妻子这样直截了当戳伤他的痛处，会让他在你面前彻底没了尊严。做妻子的，既然还打算继续生活在一起，别故意揭开他的伤疤！

（6）她是什么人？你俩什么关系？

爱情的基础是相互信任。然而，你说出这句话就代表你已不再信任他了。如果他果真出轨了，你这句话越引起他的反感，他心里对你的那点歉疚也被你的这句话搅和了。如果他并没出轨，那么，你的这句话会非常让他伤心失望。你这么监控他，让他连一点自己的私人空间都没了，这会极大影响你们之间的亲密关系。其实，与其这样揪住一条短信、一个电话不放，倒不如多用些温情的方式让他勾起对你们以前的美好回忆，留住他的心。

（7）你必须这么做！

以这样命令的口气对对方说话，觉得对方能服从你吗？恰恰相反，这样会让男人因畏惧你的高压而故意远离你。

（8）你简直跟你妈一样！

"我妈怎么了？"男人会这么想，你到底在指责我，还是指责我的母亲？一个男人，他宁愿你对他说话狠点，也不能因此牵连自己的家人，哪怕家人有什么不是。

(9) 你要是真的爱我，就这么做。

千万不要拿爱来威胁对方，这样会让男人觉得你无聊且无知，爱情本来就和日常生活无关，何必动不动拿爱不爱来说事。

(10) 你就是个吃软饭的。

千万不要用这句话来针对你的男人，即便他赚的钱没你多，本来这样就让他有心理负担，如果你总这么说说，男人会在心里产生自卑，甚至觉得你根本就是瞧不起他。这对他是极大的侮辱。

## 5. 给他一顶高帽子，并让他努力达标

女人喜欢被男人宠，这是每个人都明白的事实，但如果我们稍微留意下，便会明白同样的道理——男人也需要女人哄！没有一个男人不喜欢听赞美之词，女人的赞美和鼓励，能使男人发挥超强的创造意识和能力。聪明的女人都明白，如果你不时地，给男人戴一顶合适的"高帽"，男人便可创造出你想象不到的成就。

苏烟在一家外企工作，月薪五千多，但老公自从半年前辞职后一直没找到合适的工作。朋友有意无意地问起苏烟关于老公的事，苏烟就说："其实，我老公比我能力强多了，不管是电脑知

识,还是英语口语,都超级棒,这一段时间他身体状况不太好,所以也不急着找工作。"

一次,一位同事来家里做客,苏烟留同事在家吃饭。席间同事夸奖她菜做得好吃,苏烟就说:"平时我下班回来,都是老公给我做菜,我老公做菜做得可好了。"同事问:"你老公做什么工作的?""他刚辞职,打算换一个能充分发挥他才能的工作,他业余能力也很棒。我们家的电器坏了都是他修理,他还经常写一些散文诗歌什么的投到报纸和杂志上。"老公在一旁听了,心里美滋滋的。

苏烟从不催促老公找工作,相反,她经常鼓励他、称赞他某些方面有多好,这给丈夫非常大的信心。之后的几个月,老公终于在一家外企找了一份管理的工作,并且因为工作努力、学习能力很强,不到两年,被公司派出去带薪深造。

其实,每个人都有这样的心理:如果你经常赞美和鼓励他,觉得他这个人能力很强,那么他也会从心里接受这样的暗示,觉得自己的能力真的很强,即使没有预期的那样,也会努力达到这样的效果。

然而,如果你总嫌他这不好、那不好,即使他原本不像你说的那样,每到做事情时,他也会在心里产生焦虑感,会担心自己做的事是不是会被人批评、指责甚至鄙视。因此,明明他能做好的事,这样的心理也会使他丧失信心,甚至开始退缩。

聪明女人知道怎么去触发男人的创造力,她不会唠叨数落他的缺点和不是,而是经常的提及他的优点、长处,不失时机地赞美、夸耀他,而男人因为得到这样的鼓励,才更自信,更容易发挥自己的优势。

　　赵敏最近发现老公越来越胖，肚子都有怀孕四个月的大小了，很担心老公的健康。她一个劲地督促老公去减肥："你看看你那肚子，怎么就不注意点饮食呢！懒得跟头猪似的，就不能天天早起一会去跑跑步啊？迟早有一天，你会连门也出不去！"

　　面对妻子的打击，老公却总不屑地说："我就爱吃，就不喜欢运动，你管得着吗？肉又没长在你身上，你唠叨什么！"

　　后来有一天，她带一个做瑜伽教练的朋友到家里。看到她老公，瑜伽教练说："你老公非常适合做瑜伽，虽然他胖了点，但他的体格正是做瑜伽的料。"

　　老公闻听此言，便开始询问起关于瑜伽的种种，赵敏就接着瑜伽教练的话说："是啊，他瘦的时候身材可好了。以前我们度假，海滩上许多美女都会多瞅他几眼。"听了这些话，老公心里美滋滋的。

　　之后，他便开始和赵敏的朋友一起练瑜伽，没多久，身体明显比以前瘦了。赵敏使劲夸赞："看不出来啊，你进步这么快，人家减肥要好几个月，你才多久肚子就小多了，再练一段时间可以去参加选美了。"老公听了这话，心里更是美。于是他一直坚持练习瑜伽，并主动控制饮食。不到半年时间，便成功减去了30斤肥肉。

　　面对男人的过错、退步，如果一味地斥责，只会让他对自己也失去信心。相反，如果你能给他戴一顶合适的高帽，不但能让他充分发挥自己的潜在能力，也能让他在事业的路上昂首阔步。

一个聪明的女人，更懂得赞美丈夫的成功和能力，远比打击或斥责他带来的进步大。因此，如果还想让你的丈夫发挥更大的才能，就给他一顶舒适的高帽戴吧。

# 6. 不要把男人的谎言揭穿

有的男人天生就爱撒谎，尤其在婚姻中。但谎言有时不是完全让人无法接受，一些谎言纯属善意。比如，男人有一些小爱好、小兴趣，但他的这些爱好兴趣你极不赞成，如果他做了这样的事，害怕你生气，就会编各种各样的谎言隐藏自己的过失。

其实，他这时的谎言，也是为维护家庭的和平和幸福，因为你知道了势必和他大吵一场。为不让你生气，他才会想到用谎言来隐瞒事实。这时，如果男人的谎言不是方向问题、原则问题或会影响你们婚姻生活的本质问题，那么你即便知道他在说谎，也就糊涂地敷衍过去吧！这样做不仅难能可贵，而且也是维持婚姻健康幸福的一门艺术。

李梅和丈夫罗成结婚两年，两人的婚后生活非常美满幸福。丈夫的弟弟在另一座城市上大学，一次，他给罗成打电话要钱，说交了女朋友，原来的生活费不够用，于是开口向哥哥求助。罗成觉得弟弟已上了大二，接触一些女孩子也是正常，于是准备打500元给他。

但自己手头钱不够，银行卡在妻子那，于是他对妻子撒谎说一位同事借钱，等到发了工资就还。

妻子知道罗成是一个自尊心极高的人。李梅是城市家庭出生，而丈夫罗成本是从农村考上大学的穷孩子，但为和李梅表现平等，他一直吹牛说父亲是从部队复员回来，现在在地方当干部，家庭条件也不错，从不会向妻子提出对家里的援助。

然而，只有他自己知道，他省吃俭用，把自己节省下来的零花钱都寄给了家里。前两年，弟弟考上大学，罗成只好把自己在公司得的奖金都寄回家，对妻子说公司最近效益不好。但如今弟弟又谈了女朋友，他只好撒谎把存在卡里的钱再拿出一部分来。

李梅偷偷地给罗成的弟弟打电话，知道了罗成的500元给了弟弟，于是就对弟弟说："如果什么时候需要钱，就给嫂子打电话。"她每月都给弟弟寄去生活费，并叮嘱弟弟千万不要让哥哥知道。

某次，罗成带妻子回老家过年，村人无不称赞罗成是个孝顺的孩子。罗成有些纳闷，他并没表现得多孝顺，也没经常给父母寄钱。后来，从父母那里才了解到，原来妻子一直以自己的名义给父母钱。这让他感觉特别惭愧，他说以后再也不会对这样贤惠的妻子撒谎了。


其实人活着，谁都有可能会遭遇谎言。有些谎言是不得已；有些谎言是为面子；有些谎言是出于一种习惯，作为女人，要看你在遇到别人给你谎言时，该用怎样巧妙的方法去圆谎。聪明女人不会揭穿男人的谎言，只有傻女人才会去揭穿。要想长久地维系一段婚姻，很多时候不能计较，女人不要没事就审问男人。追问男人。你越追问，他越爱撒谎，久而久之，撒谎成了家常便饭。聪明的女人，应学会做个观众，对他的卖力演出拍手叫好。你越是这样，男人就越是信任你，也对你越是忠诚。

丈夫喜欢喝点小酒，有事没事会找朋友同学聚聚，每次带着一身酒气回来，妻子自然不满。但聪明的妻子并没对此大吼大叫，只是故意装傻充愣。

丈夫的谎言不外乎就是：今天单位加班，公司开会了，陪客户吃饭不得已，今天同事过生日请客不去不行等等。

妻子心如明镜，明知是谎言，却并没揭穿。反而百般关心：别太累了，别太晚了，注意身体，注意安全。后来，妻子的关心让丈夫越来越觉得心虚，他决定向自己的妻子坦白，面对这样大度的妻子，他再也不喝酒了。从此他不但戒了酒，也对自己的妻子更加疼爱呵护。

聪明女人心里知道男人的谎言，她们会装糊涂，但她们并不是真糊涂。如果女人非要把男人的谎言揭穿，非要把男人的心思看透，最后受伤的人只会是自己。其实，丈夫的谎言不是为了掩饰错误，有时只是一种善意的欺骗，是为让妻子高兴才说了违心的话。因此，在婚姻中，有时装糊涂反而会让你获得幸福。聪明的女人懂得用一点小技巧来让男人们心服口服。

## 7. 在他的朋友面前骄傲地谈起他

　　相信大家都看过这样一则笑话：有一个人，喜欢在朋友面前吹他如何如何不怕老婆，经常当着人说："在家，我称王称霸，老婆才不敢管我哩！""你在家是什么？""是老虎！"恰巧，他老婆听见了，厉声问："你说什么！"他马上恭恭敬敬地说："我说我是老虎，你是武松。"

　　虽然只是一个小笑话，但我们不难看出，不管男人在家里怎样"惧内"，在朋友面前都要撑足了场面，决不能让朋友觉得自己是个"耙耳朵"。但很多女人都会像笑话中的妻子一样，只想自己逞一时威风，却从不考虑老公的颜面何存。在朋友面前失了面子的男人，回到家会和妻子发生怎样的矛盾，可想而知。

　　晓筠是一个典型的霸道型女人，不管在家还是在外面，从不给老公面子。一天，老公的朋友安东过生日，邀请他们去参加。现场气氛非常热闹，当男人到旁边喝酒时，一帮老婆们就开始了闲聊，谈的都是家长里短。

　　晓筠一上来就开始细数老公的种种不是，还一副恨铁不成钢的样子："我们家那位整天就知道混日子，一点上进心都没有，抽烟喝酒一样都不落下，偶尔让他做顿饭简直不能入口，你们说他怎么就那么笨呢？看你们一个个的日子过得有滋有味，真是羡慕啊……"

　　因为晓筠的声音特别大，所以旁边的男人们都听到了，朋友们还拿晓筠的老公大开玩笑，虽然都是善意的，但她老公却一点都笑不出来。回到家，从来不愿意和妻子针锋相对的老公和老婆开战了："你怎么能那样说话，难道就不能在朋友面前给我留点面子吗？你羡慕人家是吧，那好啊，既然你觉得我一无是处，那就离婚……""我说的本来就是事实啊，再说大家都是那么熟的朋友，谁不知道你是这副德行，离就离……"

　　就算老公的确不是很出色，也不能当着那么多朋友的面将老公贬得一文不值。既然觉得他一无是处，当初干吗选择他托付终身？最后不仅让老公丢了面子，让朋友们看轻他，自己也一肚子气，何必呢？所以，哪怕不在朋友面前谈起老公，也不能谈论他不好的地方。聪明的妻子往往懂得怎样满足老公的"虚荣心"，让他在他的朋友面前能扬眉吐气，这也是她们能够一直得到老公疼爱的原因。

　　周末，若楠的老公和几对夫妻朋友约好去野外郊游，到了目的地，他们架好烧烤工具，准备边吃边聊天。几个男人到一边打牌去了，因为若楠的老公不喜欢打牌，所以就负责给大家烤东西吃。

　　女人们看到后，都异常羡慕地对若楠说："你老公真好，不像我老公，只知道打牌，偶尔让他带带孩子，都嫌麻烦……""我老公也是，平常懒得要命，回到家就像一摊烂泥，动都不动一下……""就是就是，我老公要是有你老公的一半好，我就相当知足了……"若楠微笑着看看忙碌的老公："是啊，我也觉得非常幸福。他不仅工作努力，给了我想要的生活，而且回家后从不叫苦叫累，看到我又要做家务又要带孩子，他心疼得不得了，总说要请个保姆。因为我不肯，所以他只好自己帮我了，每天的晚餐都是我老公做的，别看他平时工作忙，可厨艺是相当好……"

听了若楠的话，所有人都对她老公连连称赞。若楠的老公喜不自禁，在朋友面前感觉倍有面子。后来，老公问若楠："那天干吗把我说得那么好？你不知道那几个臭小子都羡慕死我了，说我娶了个好老婆，不像他们的老婆，只会在朋友面前数落自己，感觉特丢面子。""老公你本来就很好啊！"听了老婆的话，若楠的老公充满了幸福感，他发誓这辈子要好好爱她。

当女人在老公的朋友面前骄傲地谈起他时，任何一个男人都会感到异常兴奋，因为他们的虚荣心得到了极大的满足。在这种愉快心情的驱使下，男人都会觉得自己的面子都是老婆挣来的，也许他们表面上不会说出对女人的感激，但实际上他们会更加疼爱自己的老婆。如果你想要获得更多的幸福，切忌在老公的朋友面前指责他、数落他，最有效的做法就是在他朋友的面前骄傲地谈起他，相信给了他面子的你一定会收获他更多的爱。

# 第十章

## 男人最欣赏的女人味：宽怀待人有修养

试想，一个女人，如果能做到事事懂宽容，处处知礼节，那么，她一定是个很有修养的人，而这样的修养就是一种"女人味"。具体说来，"宽以待人"要求我们，面对各种误解和委屈不要心怀怨恨，不要过高要求别人，更不要抓住别人的缺点不放，而要用严格要求别人的态度要求自己，用宽容自己的态度宽容别人，用博大的胸怀去包容别人。

# 1. 修养是女人的核心装扮

修养是女人的风度、风韵、风格的核心。个人有个人的性格，当然也就有了优劣之分，现代女性要学会努力提高自己的修养，从而改善自己性格中的缺点。

女性美不仅是天生的外表美，还要具有内在心灵美。这样，才能产生美的魅力。有修养的女人，女人味是十足的，魅力是挡不住的。对女性来说，修养表现在：生活上，谦和恭敬、柔情似水；社交上，善良、有同情心、体贴他人、帮助弱者；工作上，宽容默契、通情达理、吃苦耐劳、默默奉献。心胸狭窄，斤斤计较，妒忌他人，损人利己，是修养的大敌。同时，也直接影响外表美的形成。那么一个有修养的女人到底是什么样的呢？

**(1) 有修养的女性首先应该是善良的**

之所以把善良排在首位，是因为这个世界残酷太多。优秀女性赋有净化灵魂的使命，她们像明矾一样，使世界变得澄清。女性的善良是人类温情的源泉。

**(2) 有修养的女性其次应该是智慧的**

女性更需要智慧，智慧能使女性更加完美，不再被视为只能作装饰的"花瓶"。没有智慧的女性，是通体透明的藻类，既无反击外界侵袭的能力，又无适应自身变异的对策，她们是永不设防的城市。

可惜的是，生活中很多女性缺少的恰恰是智慧。她们的嗅觉易在甜蜜的语言中迟钝，她们的脚步易在扑朔的路径中迷离。智慧是块宝石，需要雕琢，也需要机遇。

**(3) 有修养的女性应具备外在的美丽**

优秀的女性应是美丽的。女性是上天精心创作、献给人间的精灵，因此她是美的化身。美丽的女性首先是和谐的。面容的和谐，体态的和谐，灵与肉的和谐。其次她应是柔和的。太辛辣、太喧嚣的感觉不是美，而是一种刺激。

美丽的女性应是持久的。美丽的女性少年时像露水一样纯洁，青年时像白桦一样蓬勃，中年时像麦穗一样端庄，老年时像河流的入海口，舒缓而磅礴。美丽的女性经得起时间的推敲。时间不是美丽的敌人，而是美丽的代理人。它让美丽在不同的时刻呈现出不同的状态，从单纯走向深邃。

时间轻轻扫去女性脸上的红颜，但它还给女性一件永恒的化妆品——气质。有的女性很傻，把气质随手丢掉了。

**(4) 有修养的女性应具备内在的美丽**

优秀的女性更应注重内在美丽，女性不应是华而不实的代表，而应有充实的内蕴，内在美丽的女性才是真正优秀的。优雅的女人清新自然，拒绝陈旧，你应有极强的"保鲜"能力，岁月与生活的琐碎使你更加成熟，你善于发现生活中的美与辉煌，借以冲破无边无际的黑暗，重获新生。

才女的冰雪聪明、玲珑剔透令人折服。才女知识广博，有说不完的丰富话题：天文地理、科技人文，信手拈来，绝不会令你感到琐碎无聊。工作中展现高效率的女性无疑是受人欢迎的，现代高效率的工作环境中，谁也不愿和做事拖泥带水的人合作。

女人要懂得善待自己，任何时候都不要伤害自己。情场失意、事业受阻会带来短暂的失意低落，不要因此堕落或放纵。要懂得爱惜自己，知道良好的健康状况对现代人的重要，要积极参与运动以保持自己良好的身材，不要吝惜花在保养自己容貌及身体上的金钱与时间，最重要的是无论怎样都要保持良好的修养，这才是女人最核心的装扮。

## 2. 和颜悦色，忍为上策

女人应拥有忍让的气度，不为无谓的事斤斤计较。古往今来，和气待人、和颜悦色，就被视为一种高尚的美德。

温和可以弘扬女性的阴柔之美。尤其在抒发情感时，温和地说话使用的是和声细气的音素，所以具有一种迷人的魅力。温和说话的女人，必定厚道、宽容、襟怀开阔；温和说话的女人，必定温柔、善良、善解人意。

遇上有人无理取闹，不必过分冲动，更不要破口大骂，理智的态度和委婉的谈吐，能帮你转危为安，说服对手。

有这样一个例子：

一位戴花帽的姑娘在街头碰上几个小伙，其中一位竟伸手摘下了她的帽子。面对挑衅，姑娘又怕又怒又紧张，但她马上冷静下来，彬彬有礼道："我的帽子挺漂亮，是吗？"

"当然，它和你一样，真美。"

"你一定是想仔细看看，好给你的女朋友买一顶吧？我想你绝不是那种随意戏弄人的人。"她话里有话，温和中深藏开导，委婉中包含锋芒。

"当然。"青年有几分尴尬，不由自主地还了花帽，一场可怕的危机就这样被制止了。

从中我们不但看到了姑娘的机智，而且对她的说服技巧留下印象。自始至终姑娘没说一句强硬的话，而是用含有"潜台词"的柔和软语，巧于应对，成功地激发了对方的自尊心理。她用冷静举止、柔言软语塑造了一个见多识广、不容侵犯的强者的形象，使对方不敢轻举妄动。这里我们可以领略到温和语言所具有"柔中寓刚"的独特威力。

当遭到有人火气十足，无端撒气时，如果保持忍让态度，柔言相答，结果会"灭火消气"，换来微笑。

一家瓷器店来了一位十分挑剔的女顾客，她拿了好几套瓷器，挑了半个钟头还没选中。因顾客太多，营业员就先照应别的顾客去了。

女顾客认为店员冷落了自己，把脸一沉，大声指责："喂，你这是什么态度，你眼睛没有看见我先来的吗？为什么扔下我不管？"她把钞票往柜台上一扔，"快给我，我还有急事！"

营业员安排好其他顾客后，和颜悦色道："请你原谅，我们店生意忙，对你服务不周，让你久等了。我服务态度不好，欢迎你多提宝贵意见。"

营业员这几句真诚谦逊的话一出口，女顾客的脸一下子红了："我说得不好听，也请你原谅。"

营业员以"和气"对"火气"，表面上"似水柔情"，实际上"力胜千钧"，产生了积极的效果。"有理不在声高"。话并非说得有棱角，咄咄逼人才有分量。像这种忍让式说服途径，由于充满了对消费者的尊重、宽容和理解，这本身就产生了一种感化力，从而引起对方的心理变化。

"火气"遇上"和气"，就失掉了发泄的对象，自然降温熄火。苏联教育家苏霍姆林斯基说："有时宽容引起的道德震动比惩罚更强烈。"这说明，以宽容为特点的忍让式说服有强大的征服力。

# 3. 有自信的女人，不用"生气"考验爱情

恋爱时，一切都是甜蜜的，不过却总有一个场景是我们经常看到的：男人在约会时迟到了几分钟，女人生气了，头也不回地离开了约会地点，于是解释、道歉便成了男人此时的"法宝"。经过一番甜言蜜语似的"赔罪"后，女人原谅了男人，约会得以继续下去。

其实，并不是女人有意为难对方，而是女人善于用这样的方法经营她们的感情。在恋爱这个特殊的背景下，这些特点充分地

表现了出来。

恋爱时，男性通常扮演的角色是追求者，他们期待追求成功后的喜悦。所以追求心目中的"她"时，越是渴望得到对方的爱，越是容易出现紧张不安，于是就会比任何时候都显得温柔体贴。此时，男性的心理特点就趋于女性化，比较懂得理解和包容对方。而女性在恋爱中则选择有意无意地给男朋友设置一些所谓的障碍，比如：约会不能迟到、必须记得自己的生日和喜欢的食品等，甚至还希望能在情人节时有惊喜，其目的就是想知道男朋友是否能迁就自己，更多时候干脆就直接耍小性子考验他们。

小王和小张是在工作中认识的，两人同在一家公司上班，双方互有好感，但交往以后，在小王眼里小张的表现与以前判若两人。之前他眼中作为同事的小张是做事有条不紊、遇事冷静的标准知识女性，可当两人正式开始交往后，成为女友后的小张动不动就向自己发火，有时仅因一点小事。

比如：一次去吃饭，当小王问女友吃什么，女友答随便，于是自己按惯例点了女友爱吃的东西，可一会儿工夫就看女友脸色晴间多云，终于"火山爆发"了，他只好不停道歉，虽然他也不知自己到底哪里做错了。最绝的是女友最后将这件事上升到了理论高度：老吃一种东西不腻吗？得出的结论居然是小王根本不关心自己的真实想法，说明小王根本不爱自己，肯定又喜欢上别的女孩了。小王叫苦不迭，这都哪儿跟哪儿啊！

两性心理专家认为：恋爱过程中，女性需要更多安全感，所以希望男性能做到她们要求的完美。当对方做不到时，女人就选择生气来表达自己的不满。约会迟到，不代表他忽略你，可能真是因为公司临时有会议耽误了时间，或路上遇到交通堵塞导致他没办法准时出现在约会地点。生日时没给你想要的鲜花或是礼物，也不代表他心里没有你，也许他有更好的安排。

一个真正有自信的女人，大可不必通过这些"障碍"来考验男人对你的真心，更不要动不动就生气。男人常说："爱生气的女人是不美丽的"，但不生气的女人又有几个？心理学家也说过女人生气是因为心理上呈现男性化特点，同时她们想通过这一过程了解对方是否真的在乎自己。

然而，一次又一次的考验，只会破坏你们之间的信任，因为在考验中会出现争吵、冷战、误解、猜疑，这样下去，再好的感情也会"毁"在自己的手上。

最后，专家提醒：无论正处于热恋中的男女朋友，还是即将进入恋爱中的男人、女人，在面对感情时不要意气用事，千万不要因一点小事，就以耍脾气、搞冷战的方式来测试你们之间感情的牢固程度。尤其是恋爱中的女性，感情是建立在信任基础上的，生气看似是宣泄你对对方的不满，可背后隐藏着你的不信任和对感情的不确定，一旦次数过多，你们的感情也随之亮起红灯，到时换来的可能是一句："我们分手吧！"

## 4. 有修养的女人，不会口不择言

我们都知道，当愤怒生气时，常会口不择言，尤其对自己最亲近的人，那些气话最终都变成匕首，刺伤那个你最深爱的人。生气、愤怒往往变成婚姻的雷区，稍不留神，就炸伤了自己，炸毁了婚姻。

王若冰和李军是自由恋爱结婚的。在别人眼里，他们是既般配又恩爱的一对。婚后，王若冰还像婚前一样小鸟依人，楚楚动人，温柔体贴。李军也非常喜欢王若冰这点，他总默默地对自己说："我真是个幸福的人，娶到了王若冰这样好的老婆。"

可好景不长，儿子出生后，王若冰像换了个人似的，开始对李军吆五喝六、大声斥责：不是骂他笨，就是骂他傻，总之，在她眼里，李军现在一无是处。此时，李军再也找不到先前那个温柔老婆的影子了，眼前只有一个满嘴脏话的泼妇，他一天天地忍受着王若冰的辱骂，心里非常压抑。

一天，王若冰让李军做早饭，自己则为儿子穿衣起床。忽然闻到厨房飘来焦煳的味道，她知道李军又把早饭做煳了。她一下子火冒三丈，冲进厨房就是对李军一顿痛骂："你怎么这么笨，什么都做不好！"李军想到先前的一切不快，再也忍受不了这个泼妇，一时失去理智，把王若冰痛打了一顿。

王若冰一气之下跑回娘家，要和李军离婚，李军也在气头上，没过去低头认错，更没有劝和，王若冰原本只是赌气，这下更下不了台，两个人谁都不肯先低头。最终赌气离了婚。

离婚后，王若冰非常想念儿子，其实她心里还装着丈夫，可嘴上不愿承认。每个孤独的晚上，想起丈夫曾经的种种好，她后悔不已。

一时冲动的气话让一个家庭解体了，试想一下，如果当时王若冰学会控制自己的情绪，不为一点小事斥责，老公或在生气后不去赌气，学会低头，两人的婚姻最终也不会走到不可挽回的地步。要记住，爱与恨是成反比的方程式，怨恨增添一分，恩爱便递减一分。有人曾这样说：夫妻吵架是"角度"问题，而不是"是非"问题。仔细分析，这话真是太有道理了！

还有一个星期就是张晓菲跟老公结婚六周年纪念日，张晓菲已给老公选了一块做工精良的高档腕表。手表是男人的门面，当然要选好品牌，而且张晓菲也希望老公每天看时间时都会想起自己。这块手表花了张晓菲近三个月的工资，她想老公收到礼物后一定会很开心。

就这样，张晓菲一边等待结婚纪念日的到来，一边想老公会给自己选什么礼物。是上次逛商场时自己没舍得买的金项链，还是自己一直想要的ipad，这些小猜想让她快乐了好几天。

结婚纪念日那天是周五，张晓菲下班比较早，早早回家的她把三岁的女儿从幼儿园接回来，母女俩好好打扮了一番，就等老公回来接她们，估计老公早就选定了餐馆定好了位子。可一直等到六点半，女儿大声喊饿，老公还没回来，连电话也没有。

　　张晓菲把电话打过去，老公说正在忙，让她们母女俩先吃，不用等他。

　　张晓菲心里非常失望，但转念一想，会不会是老公要给自己惊喜。张晓菲做了蛋羹，先哄女儿吃下，自己仍空着肚子等待。

　　等到八点，张晓菲终于忍耐不住了，看来老公根本不会回来跟她一起共进晚餐了。难道他忘了今天是结婚六周年纪念日？

　　张晓菲给老公发了一条短信：亲爱的，你忘了今天是什么日子吗？

　　十分钟过去了，老公却一直没回复。张晓菲心中的怒火腾腾地上升。

　　晚上9点半，老公终于回来了。看到女儿穿着漂亮的公主裙在沙发上看电视，却没看到张晓菲。走到卧室，才发现张晓菲穿着真丝裙，侧躺在床上。他喊她，没有回应。走进，才发现张晓菲并没睡着，头发挽着发髻，脸上化着精致的妆。平日几乎不施粉黛的老婆这样刻意打扮，可见是个重要日子。

　　张晓菲的老公立刻明白自己忘了他俩的结婚纪念日："老婆，对不起。实在太忙了，咱们明天补上好不？"

　　"明天，明天是什么日子，明天跟我们有什么相关！"张晓菲腾一下从床上起来，大声喊着。

　　"你可以早点提醒我下吗？"

　　"纪念日都记不住，你还能记住什么，可见你心里根本没有我，没把我们的婚姻放在心上。我上次过生日你就没给我选礼物，你说说，我和孩子还有这个家到底在你心里有没有分量？成天忙也没见你忙出个什么，还不是买不起车，买不起大房子……"

一激动，张晓菲想起以前的种种委屈。老公一看她又来了，也不耐烦了："你能不能不上纲上线，有事就说事，扯那么多干吗？"

张晓菲一听就更生气了，拿起自己精心为老公选的手表啪一声摔地上，"你根本不配我的礼物，你算是个什么东西？……"

张晓菲口不择言地大骂，正在看电视的女儿被吓得大哭起来。

她老公一看，气愤道："你觉得我是垃圾，委屈了你。赶快找个好的去。我不拦你。"说完抱着女儿到了小屋，留张晓菲一个人在卧室痛哭。

本身张晓菲发脾气，只是想让老公意识到自己的委屈，好好哄自己。没想到最后，老公不但不哄她，反而不肯理她，让她又气又委屈，不知道怎么下台。

婚姻生活中，吵架在所难免，但为吵架而生气，只能让夫妻的怨恨指数增高，解决不了任何问题。夫妻两个将生活置于口角风暴中，只会让矛盾越演越烈。少说一句或委婉一点，只要双方有一人能理解对方，在对方情绪低落时，给对方一个微笑，幸福就会回归家园。一个聪明的女人绝不会用生气来解决问题。她们知道采用一些迂回的手段让男人更心服口服。对男人"河东狮吼"，只会让你们的爱情破裂。只有用平和的态度对待他，才更能让你们的感情持续且得到升华。

## 5. 犯错没关系，对自己宽容点

正如生命总是宽容我们的身体一样，它从不曾埋怨我们受到损伤的身体。只要受伤的地方得到了保护，生命就会把那里恢复如初。这是大自然伟大的造物主对我们的宽容，我们又有什么理由不宽容地对待自己呢？

一个妇人外出办事，不小心把自己的伞弄丢了。于是回家路上，她一直十分懊恼，不停地责怪自己为什么那么粗心，还时不时地想雨伞到底被自己放在哪儿了，看到街上有人提着和自己颜色相同的伞，就在想那是不是自己的伞。就这样，不知不觉她到了家。坐下后，她忽然发现自己的钱包也不见了。原来她一直惦记着丢雨伞的事，因为仓促、惶恐和不安，连自己的钱包丢了也没有发现。

试想，如果这位妇人在丢伞后能豁达一点，洒脱地不放在心上，又怎么会因一时大意又丢了钱包？

对那些已经发生的事情耿耿于怀、反复思虑，无疑在白白浪费自己的精力。既然已发生的事无法重来，为什么不宽容地对待自己？许多女人都有"遇事想不开"的心理倾向，当有人劝她们想开些时，她们会说："宽恕别人是一种美德，宽恕自己无异于自杀!"这种不肯宽恕自己的女人将背着心灵的包袱终生受累。我们之所以对以前的某个错误耿耿于怀，迟迟不肯原谅自己，多半是因为我们为之付出了一定的代价。可是不原谅又能如何？代价不能再收回，但我们的心情可以回转，也需要回转，因为生活还要继续。

　　安雅宁进入公司刚刚一年，因为表现优秀，很受领导器重。她也暗下决心一定要做出成绩来。一次，上级领导要她负责一个企划案，为一个重要的会议做准备，还透露说如果这次企划案能赢得客户的认可，她将有可能被调到总公司负责更重要的职务。对安雅宁来说，这是个千载难逢的机会。她非常卖力，每天都熬夜准备这份企划案。

　　可到了会议的那天，由于过度紧张，安雅宁出现了身体不适的状况，脑子一片混乱，甚至没有带全准备好的资料，发言时词不达意，几次中断。会议的结果可想而知……

　　失去了一个这么好的机会，安雅宁懊恼不已。之后，由于她的状态一直不好，又有过几次小失误，她对自己更加不满。以前自信的她，现在忽然觉得自己不适合这个工作，不然为什么老在关键时刻出错？她开始惩罚自己，经常不吃饭，想通了又暴饮暴食或拼命地喝酒。

　　安雅宁的情绪越来越不好，领导找她谈过几次话，宽慰她过去的事都过去了，人应向前看。虽然她的情绪渐渐稳定了下来，但她还是不能原谅自己，没有心情做好手中的事情，对工作失去了当初的信心。最后，她不得不递交了辞呈。

　　很多人在犯错后，不能原谅自己，甚至憎恨自己，进而影响现在乃至未来做事的心情。如果憎恨过于强烈，就无法洗心革面，无法看到希望的曙光。不如反过来想想，错误既已犯下，再惩罚自己有什么用？而且也已为此付出了沉重的代价，为什么还要搭上现在和未来？

当我们为曾经的错误付出沉重的代价后，只有原谅自己，才能重新调整心情，开始新的生活。而那些无法原谅自己、始终对自己的过去耿耿于怀的人，得不到人生的幸福。

一位女士结婚3年，生下一个又白又胖的小男孩儿，家人皆大欢喜。尤其是一直生活在农村的公公婆婆更是笑得合不拢嘴，买了一大堆东西来看孩子。她当然也是高兴得很，想着一定要养育好孩子，以报答公公婆婆和丈夫。

可是，孩子刚刚满月的一天夜里，之前由于孩子一直哭她未能休息好，好不容易把孩子哄睡，她也很快进入了梦乡。可是，也许是她太累了，睡得太熟了，被子蒙住了孩子的头，她居然没有发现。等她发现时，孩子已停止了呼吸。她顿时号啕大哭，大叫着："是我害死了孩子！是我害死了孩子！"一连几天几夜不吃不喝，就这样大喊大叫，任谁劝都不听。最后，她疯了，整天抱着孩子的小衣服，小被褥，一会儿哭，一会儿笑。嘴里絮叨着："我有罪，我该死……"

出现这样不幸的事，一般人确实很难接受。但可怕的事既已发生了，并也为之付出了惨痛的代价，就应原谅自己，承认和接受事实，总结教训，将自己从过去的痛苦中拯救出来。在神话里，连神灵都可以原谅自己，那么你我这等凡人为什么要和自己过不去？

每个人都希望自己的人生道路能一帆风顺，最好不要犯任何错误，其实这一观念并不符合自然规律。"人非圣贤，孰能无过。"无论在工作还是生活中，犯错本就是难以避免的事。关键不在于你犯的错本身，而在于你犯错后的反应。

常听一些人痛苦地说："我永远无法原谅自己。"可是不原谅又如何？那等于把自己推入了一个永不见底的深渊，从此再也看不到希望和光明。世上没有"后悔药"——谁也不能再改变过去，对自己的责怪只会加深自己的痛苦。

犯错本身并不可怕，可怕的是我们失去了直视它的勇气，从此失去做事的心情，以至于赔上了现在和未来。所以，切莫再抓住过去的伤疤不肯放手，赶快从自怨自艾的泥潭中跳出，朝气蓬勃地投入到新的生活和事业中去吧！

只有真正从心底原谅自己，才能驱走烦恼，让心情好转。不管在生活还是工作上，都不要太在意曾经的失败。就算烦恼的情绪始终挥之不去，你可以带着它一起努力，一起走向成功。成为一个出色的人，一个有人格魅力的人。

# 6. 适当妥协，改变自己适应别人

很多女人，都有企图改造别人的行为或心理，只不过自己没意识到罢了。

比如——你是不是觉得老公吃饭时狼吞虎咽的样子实在不雅？

你是不是觉得朋友丢三落四的毛病很不好？

你是不是觉得同事真死脑筋，做什么事都不知道转弯儿？

你是不是认为自己的建议非常完美老板就应接受？

……

然后，你就不断地提醒，找各种理由去说服对方，但对方似乎并没因你改变多少，或根本就不愿接受你的意见，尽管你的本意是好的。

不要认为别人顽固不化，难道你就希望别人改造你吗？比如，你非常喜欢紫色，买衣服时常会不由自主地选择紫色，而别人认为你根本不适合这种颜色，你会怎么想？大概会在心里嘀咕：我爱穿什么穿什么，多管闲事！

当别人不能适应我们，不能按照我们要求的去做的时候，冲突和矛盾就产生了。

可以说，人际关系的不和谐多半因为我们试图让别人适应我们却不成功。所以，当你觉得自己的人际关系不尽如人意时，不要把责任归咎于别人，多从自己身上找找原因。与其改变别人适应自己，不如改变自己适应别人，毕竟相比较别人来说，只有自己才受自己掌控。

当一个人不再对别人要求苛刻、不再要求别人适应自己，而是通过他人的镜子、现实的镜子或历史的镜子来剖析、调整自己，通过改变自己去适应别人时，才是走向成熟和理智的标志。比如，一位同事对你的态度不太友好，你能让他对你有礼貌的唯一方法，就是先改变自己对他的不好印象，对他表示友好和善意。卡耐基曾说："想要别人怎样对你，你就要先对别人怎样。"

改变自己，适应别人，是为了营造更和谐的关系。

有人说："人与人之间相处的艺术，是一种妥协的艺术，尤其恋人之间、夫妻之间。"

如果你抱着改造对方的心态，比如，他下班刚回到家坐在沙发上抽支烟，你马上唠叨："说了多少遍，不要在家里抽烟，你怎么就改不了？"或是："回到家要先洗脸，你怎么就不听？"时间长了，他还愿意回家吗？也许他宁愿在办公室里待着加班，也不愿回家听你唠叨。在他眼里，家应是个随心所欲的地方，舒服比什么都重要，如果你老推着他去达到什么样的标准，他自然会不耐烦。有的男人甚至宁愿换太太，也不肯"换"自己。

小雅结婚没几个月，就和丈夫离婚了，离婚原因有点可笑，仅仅因为她丈夫爱吃咸，而她认定吃盐多对身体不好，就想把他的口味改淡一点。结果每次吃饭都争吵不休，后来，她的丈夫开始不在家吃饭。为让丈夫回家吃饭，她就克扣丈夫的工资。再后来，她的丈夫就提出了离婚。

每个人都是一个独立的个体，即便是个不懂事的孩子，也不会按照你的意愿成长。所以，不要因为对方不听你的话而烦恼不堪，哪怕对方是你的丈夫或孩子，你也没有权利和能力让他们完全适应你。学着尊重对方的个性，必要时去改变自己适应对方。

一个女人习惯从尾部开始挤牙膏，而她的丈夫却常做不到这点，为此她就与丈夫争吵不休，后来越吵越烈，最后协议离婚了。听起来简直匪夷所思，却是事实。如果我们在结婚前就知

道，挤牙膏方式的不同可能会让我们的爱情之火熄灭，我们一定
会用一两分钟的时间在这个问题上达成共识，再走入结婚的礼
堂。冷静下来想一想，这相对于曾经海誓山盟的爱情，实在是微
不足道的一件小事，为什么就不能妥协一下？或干脆每天早上给
他挤好牙膏？

当然，适应别人，并不是唯唯诺诺地盲从，更不能以失掉自
己的个性为代价。以我们与老板的关系为例：既然我们选择了这
个老板，并希望在此有所作为，应去适应老板，而不能指望老板
适应我们。但为什么有那么多人不停地抱怨老板、不停地跳槽？
这就涉及如何适应的问题，有人为讨好老板，无论老板说什么都
点头称是，没一点自己的主见，那么这种忠诚也只能称为愚忠而
不是智慧，老板自然不会重用一个只会盲目服从的员工。其实真
正的适应不是"绝对服从"，而是"合理顺从"。

合理顺从的意思是"提供相关信息，协助老板达成正确决
策，以利自己的配合执行"。老板对的，应听从并尽力配合；老
板有偏差或缺失的，务必委婉说明劝阻，让老板感觉到你是以
"参与"的心态来协助他达成决策。千万不要明知错了，但因对
方地位比自己高，权力比自己大，就盲目服从或以此企求获得老
板的宠悦。

适应老板，不是盲从，不是为讨老板欢心，而是尽力配合执
行，进行更完美的决策，这才是真正地对老板负责，对自己负
责。试图改造别人，让别人适应你，只会引起别人的反感。聪明
的人，会顾全大局。比如，为更好地合作，为减少冲突，为共同
的幸福，会在一些非原则的问题上，选择妥协，改变自己去适应
别人。

每个人都有支配别人的欲望，因为每个人在潜意识里都希望自己扮演的角色是有影响力的。但任何改造别人适应自己的行为只能以失败收场。没有人会像泥人一样，任我们随便捏，我们能掌控的只有自己。如果改变不了别人，那就改变自己！

# 7. 优雅女人不应有的举动

展示你美丽的部分未必是你那漂亮的脸蛋，有时优雅的举止更能获得别人的赞扬。

女人是最亮丽的一道风景线：她们美丽、优雅、可亲，然而一些女人到了社交场合就变成了"霉女"，她们的种种举动让人大跌眼镜继而敬而远之。这实在是一件令人惋惜的事，因此美女们都应注意自己的风度与仪态，不要在社交场合上给人留下不好的印象。

让我们看看，哪些是各式社交场合上优雅女人不应有的举动：

**与同伴耳语**

众目睽睽下与同伴耳语是很不礼貌的事。耳语被视为不信任在场人士所采取的防范措施，要是你在社交场合总是耳语，不但会招惹别人的注视，而且会令人对你的教养表示怀疑。

**放声大笑**

另一种令人觉得你没有教养的行为就是失声大笑。即使你听到什么闻所未闻的趣事，在社交活动中，也得保持仪态，顶多报以一个灿烂笑容即止。

**口若悬河**

在宴会中若有男士向你攀谈，你必须保持落落大方的态度，简单回答几句即可。切忌慌乱不迭地向人"报告"自己的身世，或向对方详加打探"祖宗十八代"，要不然就把人家吓跑或被视作长舌妇人。

**跟人说长道短**

饶舌的女人肯定不是有风度教养的社交人物。就算穿得珠光宝气，一身雍容华贵，若在社交场合说长道短、揭人私隐，必会惹人反感。再者，这种场合的"听众"虽是陌生者居多，但所谓"坏事传千里"，只怕你不礼貌、不道德的形象从此传扬开去，别人自然对你"敬而远之"。此时以笑容可掬的亲切态度，去周旋当时的环境、人物，并不是虚伪的表现。

**严肃木讷**

在社交场合中滔滔不绝、谈个不休固然不好，但面对陌生人俨如哑巴也不可取。其实，面对初次相识的陌生人，你可由交谈几句无关紧要的话开始，待引起对方及自己谈话的兴趣时，便可自然地谈笑风生。若老坐着三缄其口，一脸肃穆的表情，跟欢愉的宴会气氛便格格不入了。

**在众人面前化妆**

大庭广众下涂施脂粉、涂口红都是很不礼貌的事。要是你需要修补脸上的化妆，必须到洗手间或附近的化妆间。

**忸怩羞怯**

在社交场合中，假如发觉有人经常注视你，特别是男士，你也要表现得从容镇静。如果对方是从前跟你有过一面之缘的人，你可以自然地跟他打个招呼，但不可过分热情或冷淡，免得有失风度。若对方跟你素未谋面，你也不要太过忸怩忐忑或怒视对方，有技巧地离开他的视线范围是最明智的做法。

### 吝惜笑容

不单在旅游业提倡礼貌、微笑服务，各行各业的工作人员对客户、业务伙伴或生活伴侣礼貌周全，保持可掬的笑容。的确，不论微笑还是哈哈大笑，笑总给别人舒适的感觉，也是女人获取别人喜欢的重要法宝。

纵然你不是天生喜欢笑的女人，在社会上活动总不能过分吝惜笑容。尽管工作令你很疲劳或连续加班，忙得地暗天昏，见到别人还是要展现可爱的笑容。

### 缺乏教养与礼貌

如何使陌生人也觉得你可爱？礼貌是不可或缺的要素。在这个生活紧张的社会里，常看到女子失态的真实例子。乘搭地铁、火车或巴士时，争先恐后地挤入车厢，跟别人争座位，更不堪的是，坐下后还露出沾沾自喜的神色！在酒楼餐厅、公共电话亭，拿着电话听筒不肯放下，任有多少人在排队等候也视若无睹！这是一种令人难以接受的失态，须知这类没有教养的行为，会叫别人在心里暗骂你的自私无理。

礼仪是女人们成功的通行证，除要具备美丽优雅、气质上令人愉悦、令人乐于接近的优点以外，女人们还应注意在各种社交场合的表现，别做出与自身不相称的行为，毁了自己的形象。

### 其他常见的不良举止

女人要提高礼仪修养，首先应克服不良举止，以下举止正是有些女人在不经意展露出的，但却带来了很不好的影响。作为一个优雅的女人尤其要注意。

（1）随便吐痰

吐痰是最容易直接传播细菌的途径，女人随地吐痰非常没有礼貌且绝对影响环境、影响身体健康。如果你要吐痰，把痰抹在纸巾上，丢进垃圾箱，或去洗手间吐痰，但不要忘了清理痰迹和洗手。

（2）随手扔垃圾

随手扔垃圾是应当受到谴责的最不文明的举止之一。

（3）当众嚼口香糖

有些女人必须嚼口香糖以保持口腔卫生，那么，女人应当注意在别人面前的形象。咀嚼时闭上嘴，不能发出声音，并把嚼过的口香糖用纸包起来，扔到垃圾箱。

（4）当众挖鼻孔或掏耳朵

有些女人，习惯用小指、钥匙、牙签、发夹等当众挖鼻孔或掏耳朵，这是一种很不好的习惯。尤其在餐厅或茶坊，别人正在进餐或饮茶，这种不雅的小动作往往令旁观者感到非常恶心。

（5）当众挠头皮

有些头皮屑多的女人，往往在公众场合忍不住头皮发痒而挠起头皮来，顿时皮屑飞扬四散，令旁人大感不快。特别是在那种庄重的场合，这样很难得到别人的谅解。

（6）在公共场合抖腿

有些女人坐着时会有意无意地双腿颤动不停，或让跷起的腿像钟摆似地来回晃动，而且自我感觉良好以为无伤大雅。其实这会令人觉得很不舒服。这不是文明优雅的行为。

(7) 当众打哈欠

在交际场合，打哈欠给对方的感觉是：你对他不感兴趣，表现出很不耐烦。因此，如果你控制不住要打哈欠，一定要马上用手盖住你的嘴，跟着说声"对不起"。